Die Grundlagen der Einsteinschen Gravitationstheorie

von

Erwin Freundlich

Mit einem Vorwort

von

Albert Einstein

Vierte, erweiterte und verbesserte Auflage

Berlin

Verlag von Julius Springer

1920

ISBN-13:978-3-642-89702-3   e-ISBN-13:978-3-642-91559-8

DOI: 10.1007/978-3-642-91559-8

Inhaltsübersicht.

Vorwort.

Herr *Freundlich* hat es im nachfolgenden Aufsatz unternommen, die gedanklichen und empirischen Quellen, aus denen die allgemeine Relativitätstheorie stammt, vor einem weiteren Leserkreise zu beleuchten. Ich habe bei der Lektüre den Eindruck gewonnen, daß es dem Verfasser gelungen ist, die Grundgedanken der Theorie jedem zugänglich zu machen, dem die Denkmethoden der exakten Naturwissenschaft einigermaßen geläufig sind. Die Beziehungen des Problems zur Mathematik, Erkenntnistheorie, Physik und Astronomie sind fesselnd dargelegt und insbesondere die tiefen Gedanken des seiner Zeit so weit voraneilenden Mathematikers *Riemann* eingehend gewürdigt. Herr *Freundlich* ist nicht nur als Kenner der in Betracht kommenden Wissensgebiete ein berufener Darsteller des Gegenstandes; er ist auch der erste unter den Fachgenossen gewesen, der sich um die Prüfung der Theorie eifrig bemüht hat. Möge sein Schriftchen vielen Freude machen!

A. Einstein.

Vorwort zur dritten Auflage.

Die dritte Auflage dieses Büchleins weist gegenüber den beiden vorangehenden Auflagen verschiedene Verbesserungen auf. Insbesondere wurde das einleitende Kapitel über die spezielle Relativitätstheorie vollständig neu bearbeitet und durch erläuternde Anmerkungen weiter vervollständigt. Auch die folgenden Kapitel über die Maßverhältnisse der Raum-Zeit-Mannigfaltigkeit erfuhren verschiedene Änderungen, nicht allein wo es aus stilistischen Gründen ratsam erschien, sondern vielmehr wo die Klarheit und Strenge der Überlegungen solche Änderungen wünschenswert erscheinen ließen. Dagegen blieben die Kapitel über die klassische Mechanik und die *Einstein*sche Theorie im wesentlichen unverändert; es wurden nur die *Einstein*schen Entwicklungen über die räumliche Struktur der Welt als Ganzes kurz berührt und im Schlußkapitel die Fortschritte in der Prüfung der neuen Theorie während der letzten Jahre mitgeteilt.

Ich habe insbesondere Herrn *Einstein* aufrichtig dafür zu danken, daß er durch seine offene Kritik und seinen stets bereiten Rat an der Verbesserung dieses Büchleins mitgeholfen hat.

Neubabelsberg, Dezember 1919.   *Erwin Freundlich.*

Einleitung.

Ende des Jahres 1915 hat *A. Einstein* eine Theorie der Gravitation auf Grund eines allgemeinen Prinzips der Relativität aller Bewegungen zum Abschluß gebracht. Sein Ziel war dabei nicht, ein anschauliches Bild von dem Wirken einer Anziehungskraft zwischen den Körpern zu schaffen, vielmehr eine Mechanik der Relativbewegungen der Körper gegeneinander unter dem Einfluß von Trägheit und Schwere. Der Weg zu diesem weitgesteckten Ziel führt allerdings über manches Opfer an althergebrachten Anschauungen. Aber dafür gelangt man zu einem Standpunkt, der seit langem vielen, die sich mit den Grundlagen der theoretischen Physik befaßt haben, als äußerstes Ziel vorgeschwebt hat. Daß die neue Theorie solche Opfer bringt, kann nur Zutrauen zu ihr erwecken. Denn das seit Jahrhunderten erfolglose Bemühen, die Lehre von der Gravitation befriedigend in die Naturwissenschaften einzuordnen, mußte zu der Erkenntnis führen, daß dies nicht ohne Zugeständnisse an manche festwurzelnde Anschauung möglich sein würde. In der Tat geht *Einstein* bis auf die Grundpfeiler der Mechanik zurück, um dort seine Theorie zu verankern und begnügt sich nicht lediglich mit einer Umformung des *Newton*schen Gesetzes, um den Anschluß an neuere Anschauungen zu gewinnen.

Um zum Verständnis der *Einstein*schen Ideen vorzudringen, muß man den prinzipiellen Standpunkt, den *Einstein* eingenommen hat, mit dem Standpunkt der klassischen Mechanik denselben Fragen gegenüber vergleichen. Man erkennt dann, wie von dem „speziellen" Relativitätsprinzip eine logische Entwicklung zu dem „allgemeinen" und zugleich zu einer Theorie der Gravitation hinführt.

I.

Die spezielle Relativitätstheorie als Vorstufe zu der allgemeinen Relativitätstheorie.

Die ganze Umwälzung, deren Zeugen wir sind, entsprang aus Schwierigkeiten, auf die der Ausbau der Elektrodynamik stieß. Doch das Bedeutsame der weiteren Entwicklung war, daß nur eine neue Begründung der Mechanik einen Ausweg aus diesen Schwierigkeiten eröffnete*).

Die Elektrodynamik hatte sich im wesentlichen unbeeinflußt durch die Ergebnisse der Mechanik und selbst ohne Einfluß auf diese entwickelt, solange sie sich auf die elektrodynamischen Vorgänge r u h e n d e r Körper beschränkte. Erst als in den *Maxwell*schen Gleichungen eine Grundlage dafür geschaffen war, konnte man an das Studium der elektrodynamischen Vorgänge in b e w e g t e r Materie gehen. Nach der *Maxwell*schen Theorie gehören auch alle optischen Vor-

---

*) Anmerkung. Die meisten Einwände gegen die neue Entwicklung hat man freilich gerade deswegen erhoben, weil eine Disziplin, welche man in Fragen der Mechanik nicht für stimmberechtigt erachtete, einen so tiefgehenden Einfluß auf deren Grundlagen beanspruchte. Geht man jedoch diesen Einwänden nach, so erkennt man, daß sie dem Wunsche entspringen, die Mechanik zu einer rein m a t h e - m a t i s c h e n Disziplin ähnlich der Geometrie zu gestalten, unerachtet der Tatsache, daß die Grundlagen der Mechanik rein p h y s i k a l i s c h e Hypothesen enthalten; allerdings hatte man diese Hypothesen bis dahin als solche nicht erkannt.

gänge zu den elektrodynamischen, und diese spielen sich
entweder zwischen Himmelskörpern ab, die relativ zueinander in Bewegung sind, oder aber auf der Erde, die (mit fast
30 km Geschwindigkeit in der Sekunde) die Sonne umkreist
und außerdem gemeinsam mit dieser eine translatorische Bewegung (von ungefähr derselben Geschwindigkeit) durch das
Fixsternsystem ausführt. Sofort erhoben sich da Fragen
von großer prinzipieller Bedeutung: Macht sich die Bewegung einer Lichtquelle in der Geschwindigkeit des von ihr
ausgesendeten Lichtes bemerkbar? und: Wie beeinflußt die
Bewegung der Erde die optischen Vorgänge auf ihrer Oberfläche, z. B. die optischen Versuche im Laboratorium? Man
hatte also eine Theorie derjenigen Erscheinungen zu ent-
wickeln, in denen elektrodynamische und mechanische Vorgänge vereint auftreten[1]). Die seit langem sorgfältig aus-
gebaute Mechanik hatte die Probe zu bestehen, ob ihre
Hilfsmittel zur Beschreibung solcher Vorgänge ausreichen.
So wurde das Problem der elektrodynamischen Vorgänge
für bewegte Materie zugleich zu einem entscheidenden
Problem der Mechanik.

Den ersten Versuch einer Beschreibung der elektrodynamischen Vorgänge in bewegten Körpern machte *H. Hertz*.
Er baute die *Maxwell*sche Theorie aus, um auch den Einfluß
der Bewegung der Materie auf die elektrodynamischen Vorgänge zur Geltung zu bringen und vertrat in seinen Ansätzen die für seine Theorie charakteristische Auffassung,
daß der Träger des elektromagnetischen Feldes, der Lichtäther, überall an der Bewegung der Materie teilnehme.
Infolgedessen tritt in seinen Gleichungen der Bewegungszustand des Lichtäthers neben dem elektromagnetischen
Felde, als Ätherzustand, auf. Bekanntlich lassen sich die
*Hertz*schen Ansätze mit der Erfahrung, z. B. dem Ergebnis

des *Fizeau*schen Versuches (siehe Anmerkung 2) nicht in Einklang bringen, so daß ihnen nur ein historisches Interesse, als einer Etappe auf dem Wege zu einer Elektrodynamik bewegter Materie, zukommt. Erst *Lorentz* gewann aus der *Maxwell*schen Theorie elektromagnetische Grundgleichungen für bewegte Materie, welche im wesentlichen mit der Erfahrung im Einklang standen. Allerdings geschah das unter Verzicht auf ein Prinzip von fundamentaler Bedeutung, nämlich unter Verzicht darauf, daß das *Galilei-Newton*sche Relativitätsprinzip der klassischen Mechanik zugleich auch für die Elektrodynamik gelten sollte. — Die praktischen Erfolge der *Lorentz*schen Theorie ließen anfangs dieses Opfer fast übersehen; dann setzte an diesem Punkte die Auflösung ein, welche die Stellung der klassischen Mechanik schließlich unhaltbar machte. Zum Verständnis dieser Entwicklung bedarf es darum einer eingehenden Behandlung des Prinzips der Relativität in den Grundgleichungen der Physik.

Unter dem Relativitätsprinzip der klassischen Mechanik versteht man die aus den *Newton*schen Bewegungsgleichungen fließende Konsequenz, daß zur Beschreibung der mechanischen Vorgänge Bezugssysteme gleichwertig sind, die gleichförmig gradlinig gegeneinander bewegt sind. Für unsere Beobachtungen auf der Erde besagt dies, daß irgendein mechanischer Vorgang auf der Erdoberfläche z. B. die Bewegung eines geworfenen Körpers, nicht dadurch modifiziert wird, daß die Erde nicht ruht, sondern sich, was annähernd auch der Fall ist, gradlinig gleichförmig bewegt. Mit diesem Relativitätspostulat ist jedoch das *Galilei-Newton*sche Relativitätsprinzip noch nicht erschöpfend charakterisiert, wenn auch in ihm diejenige Erfahrungstatsache zum Ausdruck kommt, welche den eigentlichen Sinn dieses Relativitätsprinzips wiedergibt. Das Relativitätspostulat muß vielmehr noch durch diejenigen Transformationsformeln ergänzt werden, mit welchen der Beobachter die in den *Newton*schen Bewegungsgleichungen auftretenden Koordinaten x, y, z, t in diejenigen eines relativ zu seinem gleichförmig gradlinig bewegten Bezugssystems mit den Koordinaten x', y', z', t' überzuführen vermag. Dabei bedeuten die in den *Newton*schen Gleichungen auftretenden Koordinaten x, y, z durchweg die mit starren Maßstäben nach den Regeln der euklidischen Geometrie gewonnenen Meßergebnisse über die räumlichen Verlagerungen der Körper während des betrachteten Vorganges bzw. die 4. Koordinate t, den demselben Vorgange zugeordneten Zeitpunkt, als Zeigerstellung einer am Ort des Vorganges befindlichen Uhr. Die klassische Mechanik ergänzte nun das oben formulierte Relativitätspostulat durch Transformationsgleichungen der Gestalt:

$$x' = x - vt, \quad y' = y, \quad z' = z, \quad t' = t$$

wenn es sich um die Koordinatenbeziehung zweier, mit der konstanten Geschwindigkeit v in Richtung der x-Achse gegeneinander bewegter Bezugssysteme handelt. Diese Gruppe der sog. *Galilei*-Transformationen ist auch in dem allgemeinen Fall einer irgendwie zu den Koordinatenachsen orientierten Bewegungsrichtung dadurch ausgezeichnet, daß sich die Zeitkoordinate t stets durch die Identität $t = t'$ in die Zeitwerte des zweiten Bezugssystems transformiert; hierin offenbart sich der absolute Charakter der Zeitmessungen in der klassischen Theorie. Die *Newton*schen Bewegungsgleichungen der Mechanik ändern ihre Gestalt nicht, wenn man in ihnen -die Koordinaten x, y, z, t mit Hilfe dieser Transformationsgleichungen durch die Koordinaten x', y', z', t' ersetzt. Solange man sich also unter allen Bezugssystemen auf solche beschränkt, die durch Transformationen der obigen Art auseinander hervorgehen, hat es keinen Sinn, von absoluter Ruhe oder absoluter Bewegung zu sprechen. Denn man kann jedes von zwei so bewegten Systemen nach Vereinbarung als das ruhende oder als das bewegte auffassen. Die klassische Mechanik glaubte allerdings, daß nur die *Galilei*-Transformationen in Frage kommen können, wenn es gilt, nach dem Relativitätspostulat gleichwertige Bezugssysteme aufeinander zu beziehen. Dem ist jedoch nicht so. Daß vielmehr auch andere Transformationsgleichungen für diesen Zweck in Frage kommen können und zwar je nach den Erfahrungstatsachen, denen man gerecht werden will, diese Erkenntnis ist das charakteristische Merkmal der „speziellen‟ Relativitätstheorie von *Lorentz-Einstein*, welche die *Galilei-Newton*sche ablöste. Zu ihr führten die Grundgleichungen der Elektrodynamik bewegter Materie von *Lorentz* hin. Diese, mit der Erfahrung befriedigend in Einklang stehend, fußt, im Gegensatz zur *Hertz*schen Theorie, auf der Auffassung eines absolut starren, ruhenden Äthers. Ihre Grundgleichungen setzen als bevorzugtes System das im Lichtäther ruhende Koordinatensystem voraus.

Diese elektrodynamischen Grundgleichungen von *Lorentz* ändern aber ihre Gestalt, wenn man in ihnen die Koordinaten x, y, z, t eines ursprünglich gewählten Bezugssystems mit Hilfe der Transformationsbeziehungen des *Galilei-Newton*schen Relativitätsprinzips durch die Koordinaten x', y', z', t' eines gleichförmig, gradlinig dazu bewegten Systems ersetzt. Muß man daraus schließen: für elektrodynamische Vorgänge sind gleichförmig, gradlinig gegeneinander bewegte Bezugssysteme nicht gleichwertig und für die Elektrodynamik gibt es kein Relativitätsprinzip? Nein, dieser Schluß ist deshalb nicht nötig, weil, wie erwähnt, das Relativitätsprinzip der klassischen Mechanik mit seiner Gruppe von Transformationen nicht die einzige Möglichkeit darstellt, die Gleichwertigkeit gleichförmig gradlinig gegeneinander bewegter Bezugssysteme zum Ausdruck zu bringen. Wie wir im folgenden darlegen werden, kann das gleiche Relativitätspostulat mit einer anderen Transformationsgruppe verknüpft werden. Auch die Erfahrung schien keinen Anlaß zu bieten, obige Frage zu bejahen. Denn alle Bemühungen, die fortschreitende Bewegung der Erde durch optische Versuche in unseren irdischen Laboratorien nachzuweisen, verlaufen ergebnislos[2]. Nach unseren Beobachtungen an elektrodynamischen Vorgängen im Laboratorium kann man die Erde ebensogut für ruhend wie für bewegt erklären; beide Annahmen sind gleich berechtigt.

Man gewann dadurch die unbedingte Überzeugung, daß in der Tat ein Relativitätsprinzip für alle Erscheinungen gilt, seien sie nun mechanischer oder elektrodynamischer Natur. Es kann aber nur ein solches Prinzip geben, und nicht je eines für die Mechanik und eines für die Elektrodynamik. Denn zwei solche Prinzipe würden sich in ihrer Wirkung gegenseitig aufheben, weil man aus ihnen bei Vorgängen, in denen mechanische und elektrodynamische Erscheinungen vereint auftreten, ein bevorzugtes System würde ableiten können, demgegenüber von absoluter Ruhe bzw. Bewegung zu sprechen, einen Sinn hätte.

Aus dieser Schwierigkeit führte der eine Ausweg, den *Einstein* beschritten hat. Man hat an die Stelle des *Galilei-Newton*schen Relativitätsprinzips ein neues zu setzen, das

die Vorgänge der Mechanik und Elektrodynamik umfaßt. Das kann, ohne Änderung des oben formulierten
Relativitätspostulates, durch die Aufstellung einer neuen
Gruppe von Transformationen geschehen, welche die Koordinaten gleichberechtigter Bezugssysteme aufeinander beziehen. Allerdings müssen dann auch die Grundgleichungen
der Mechanik so umgestaltet werden, daß sie bei der Aus-
übung einer solchen Transformation ihre Gestalt bewahren.
Ansätze für diese Neugestaltung lagen schon vor. Man
hatte nämlich empirisch gefunden, daß die *Lorentz*schen
Grundgleichungen der Elektrodynamik neuartige Transformationen der Koordinaten zuließen, und zwar Transformationen der Gestalt

$$x' = \frac{x - vt}{\sqrt{1 - \frac{v^2}{c^2}}} \qquad y' = y, \quad z' = z, \quad t' = \frac{t - \frac{v}{c^2}x}{\sqrt{1 - \frac{v^2}{c^2}}}$$

$c = $ Lichtgeschwindigkeit im Vakuum.

Das neue Relativitätsprinzip, das nun *Einstein* aufstellte,
lautet: Zur Beschreibung aller Naturvorgänge
sind gleichförmig, gradlinig gegeneinander bewegte Systeme vollkommen gleichwertig. Die
Transformationsgleichungen, die den Übergang
von den Koordinaten eines solchen Systemes
zu denen eines anderen ermöglichen, lauten
aber, wenn sich beide Systeme parallel zu ihren x-Achsen
mit der konstanten Geschwindigkeit v bewegen, nicht:

$$x' = x - vt, \; y' = y, \; z' = z, \; t' = t,$$

sondern

$$x' = \frac{x - vt}{\sqrt{1 - \frac{v^2}{c^2}}} \qquad y' = y, \quad z' = z, \quad t' = \frac{t - \frac{v}{c^2}x}{\sqrt{1 - \frac{v^2}{c^2}}}$$

Das *Galilei-Newton*sche Relativitätsprinzip der klassischen
Mechanik und das „spezielle" Relativitätsprinzip von
Lorentz-Einstein unterscheiden sich also nur durch die Gestalt der Transformationsgleichungen, die den Übergang zu
gleichberechtigten Bezugssystemen bewerkstelligen[3]).

Die Beziehung der zwei verschiedenen Transformationsformeln zueinander erhellt übrigens unmittelbar daraus, daß
die *Galilei-Newton*schen Transformationsgleichungen aus
den neuen von *Lorentz-Einstein* durch einen einfachen Grenz-
übergang abgeleitet werden können. Nimmt man nämlich
die Geschwindigkeit v der beiden Bezugssysteme gegeneinander, verglichen mit der Lichtgeschwindigkeit c, so
klein an, daß man die Quotienten $\frac{v^2}{c^2}$ bzw. $\frac{v}{c^2}$ gegenüber den
übrigen Gliedern vernachlässigen darf, — eine zulässige
Annahme, in allen Fällen, mit denen sich die klassische
Mechanik bisher beschäftigt hatte, — so gehen die *Lorentz-
Einstein*schen Transformationen in die *Galilei-Newton*-
schen über.

Fragt man also, was nach dem bisher dargelegten nahe
liegt: Was ist es eigentlich, das uns zwingt, das Relativitätsprinzip der klassischen Mechanik aufzugeben, d. h. welche
physikalischen Annahmen in seinen Transformationsgleichungen stehen mit der Erfahrung im Widerspruch? So
lautet die Antwort: Das *Galilei-Newton*sche Relativitätsprinzip wird den Erfahrungstatsachen nicht gerecht, die
aus dem *Fizeau*schen und dem *Michelson*schen Versuch
fließen, und aus denen für die Lichtgeschwindigkeit der
besondere Charakter einer universellen Konstanten in den
Transformationsbeziehungen des Relativitätsprinzips erschlossen werden kann. Inwiefern diese Eigenart der Lichtgeschwindigkeit in den neuen Transformationsgleichungen

zum Ausdruck kommt, bedarf allerdings noch einer eingehenden Erläuterung:

Die Transformationsgleichungen des *Galilei-Newton*schen Relativitätsprinzips enthalten eine (bisher nicht als solche erkannte) Hypothese. Man hatte nämlich stillschweigend folgende Voraussetzung für selbstverständlich erfüllt betrachtet: Mißt ein Beobachter in einem Koordinatensystem S die Geschwindigkeit v für die Ausbreitung irgendeiner Wirkung, z. B. einer Schallwelle, so mißt ein Beobachter in einem anderen Koordinatensystem S', das sich relativ zu S bewegt, notwendig eine andere Ausbreitungsgeschwindigkeit für diese selbe Wirkung. Dies sollte für jede endliche Geschwindigkeit v gelten; nur die unendlich große Geschwindigkeit sollte sich durch die singuläre Eigenschaft auszeichnen, in jedem System unabhängig von seinem Bewegungszustand bei den Messungen mit dem gleichen Betrage herauszukommen, d. h. unendlich groß.

Diese Hypothese — denn es handelt sich dabei natürlich um eine rein physikalische Hypothese — lag nahe; man hatte im voraus keinen Anhalt dafür, daß schon eine endliche Geschwindigkeit, nämlich die Lichtgeschwindigkeit, diejenige singuläre Eigenschaft offenbaren würde, welche die naive Anschauung nur einer unendlich großen Geschwindigkeit zuzusprechen geneigt ist.

Die Erkenntnis, zu welcher uns jedoch der *Michelson*sche Versuch verhalf, war, daß das Ausbreitungsgesetz für die Lichtgeschwindigkeit für den Beobachter unabhängig von der etwaigen fortschreitenden Bewegung seines Bezugssystems die Eigenschaft der Isotropie hat (d. h. Gleichwertigkeit aller Richtungen) (siehe Anm. 2), so daß die Annahme sehr nahe liegt, daß als Betrag für die Lichtgeschwindigkeit überhaupt für jedes Bezugssystem der gleiche Wert anzusetzen sei. Unzweifelhaft war es eine überraschende neue Erkenntnis, zu der man damit gelangt war, sie wird aber denjenigen weniger befremden, der die besondere Rolle der Lichtgeschwindigkeit in den *Maxwell*-schen Gleichungen, dem Fundament unserer Theorie der Materie, sich vor Augen hält.

Infolge dieser Besonderheit tritt die Lichtgeschwindigkeit in den Gleichungen der Kinematik als universelle Konstante auf. Um dies besser zu verstehen, wollen wir folgende Überlegung anstellen. Prinzipiell hätte man schon lange vor den Erörterungen der elektrodynamischen Erscheinungen in bewegten Körpern ganz allgemein die Frage aufwerfen können: Wie sind in zwei Bezugssystemen, die sich relativ zueinander gradlinig, gleichförmig bewegen, die Koordinaten aufeinander zu beziehen? Die rein mathematische Aufgabe konnte man in völliger Klarheit über die in den Ansätzen enthaltenen Voraussetzungen angreifen, wie das *Frank* und *Rothe*[4]) nachträglich getan haben. Man gelangt dann zu Transformationsgleichungen, die viel allgemeiner sind als die auf Seite 8 hingeschriebenen. Durch Berücksichtigung der besonderen Bedingungen, die die Natur uns offenbart, z. B. der Isotropie des Raumes lassen sich aus ihnen besondere Formen ableiten, deren Gehalt an hypothetischen Voraussetzungen offen zutage liegt. Nun tritt in diesen allgemeinen Transformationsgleichungen eine Größe auf, die besondere Beachtung verdient. Es gibt „Invarianten" dieser Transformationsgleichungen, d. h. Größen, die ihren Wert auch bei der Ausführung einer solchen Transformation nicht ändern. Unter diesen Invarianten befindet sich eine Geschwindigkeit. Das heißt folgendes: breitet sich in einem System eine Wirkung mit der Geschwindigkeit

v aus, so ist im allgemeinen die Ausbreitungsgeschwindigkeit dieser selben Wirkung in einem anderen
System anders als v, wenn das zweite System sich relativ
zum ersten bewegt. Nur die invariante Geschwindigkeit
behält in allen Systemen ihren Wert, ganz gleich mit
welcher konstanten Geschwindigkeit sie sich gegeneinander
bewegen. Der Wert dieser Invarianten-Geschwindigkeit geht
als charakteristische Konstante in die Transformationsgleichungen ein. Will man also die physikalisch gültigen Transformationsbeziehungen finden, so muß man
diejenige singuläre Geschwindigkeit aufsuchen, die diese
fundamentale Rolle spielt. Ihre Konstatierung ist also
Aufgabe des messenden Physikers. Stellt er die Hypothese auf: eine endliche Geschwindigkeit kann niemals
eine solche Invariante sein, so degenerieren die allgemeinen Transformationsgleichungen in die Transformationsbeziehungen des *Galilei-Newton*schen Relativitätsprinzips.
(Diese Hypothese wurde, wenn auch unbewußt, in der
*Newton*schen Mechanik gemacht.) Sie mußte verlassen
werden, nachdem die Ergebnisse des *Michelson*schen
und *Fizeau*schen Versuches die Auffassung rechtfertigten,
daß die Lichtgeschwindigkeit c die Rolle einer invarianten Geschwindigkeit spielt. Alsdann degenerieren
die allgemeinen Transformationsgleichungen in diejenigen des „speziellen" Relativitätsprinzips von *Lorentz*
und *Einstein*.

Diese Neugestaltung der Koordinatentransformationen
des Relativitätsprinzipes führte uns zu Erkenntnissen
von großer prinzipieller Bedeutung, so zu der überraschenden Erkenntnis, daß dem Begriff der „Gleichzeitigkeit"
räumlich distanter Ereignisse, der Begriff auf dem alle Zeitmessungen beruhen, nur relative Bedeutung hat, d. h. daß

zwei Vorgänge, welche für einen Beobachter gleichzeitig sind, für einen anderen Beobachter im allgemeinen nicht gleichzeitig sein werden*). Dadurch büßten die Zeitwerte den absoluten Charakter ein, der sie bisher vor den Raumkoordinaten auszeichnete. Über diese Frage ist in den letzten Jahren eine so ausgedehnte Literatur entstanden, daß wir sie hier nicht näher zu behandeln brauchen.

In der Neugestaltung der Transformationsgleichungen erschöpft sich jedoch keineswegs die Einwirkung des „speziellen" Relativitätsprinzips auf die klassische Mechanik. Fast noch einschneidender ist der von ihm hervorgerufene Wandel im Massenbegriff.

Die *Newton*sche Mechanik legt jedem Körper eine gewisse träge Masse bei als ein Attribut, das in keiner Weise

---

*) Die Aussage: „Die Sonne geht an einer bestimmten Stelle der Erde um $5^h\ 10^m\ 6^s$ auf" bedeutet: „das Aufgehen der Sonne an einer bestimmten Stelle der Erde ist gleichzeitig mit dem Eintreten der Uhrzeigerstellung $5^h\ 10^m\ 6^s$ an jener Stelle der Erde". Kurzum: Die Ermittelung des Zeitpunktes für das Eintreten eines Ereignisses ist die Ermittelung der Gleichzeitigkeit des Eintretens zweier Ereignisse, von denen das eine das Eintreten einer bestimmten Stellung eines Uhrzeigers am Beobachtungsorte ist. Die Vergleichung von Zeitangaben für den Eintritt eines und desselben Ereignisses, das mehrere Beobachter von verschiedenen Orten aus beobachten, erfordert eine Vereinbarung über den Vergleich der Uhrenangaben an den verschiedenen Orten. Die Analyse der erforderlichen Vereinbarungen hat *Einstein* zu der fundamentalen Erkenntnis geführt, daß der Begriff „gleichzeitig" nur relativ ist, insofern die Beziehung der Zeitmessungen aufeinander in relativ zueinander bewegten Systemen von deren Bewegungszustand abhängig ist. — Dies ist der Ausgangspunkt für die Überlegungen gewesen, die zur Aufstellung des „speziellen" Relativitätsprinzips geführt haben.

von den physikalischen Bedingungen beeinflußt wird, denen
der Körper unterliegt. Infolgedessen erscheint auch das
Prinzip der Erhaltung der Massen in der klassischen
Mechanik völlig unabhängig vom Energieprinzip, d. h. dem
Prinzip der Erhaltung der Energie. In diese Verhältnisse
warf das spezielle Relativitätsprinzip ein ganz neues Licht,
als es zu der Erkenntnis führte, daß auch die Energie
träge Masse offenbart und dadurch beide Erhaltungssätze,
der Masse und der Energie, zu einer Einheit verschmolz.
Zu dieser neuartigen Auffassung des Massenbegriffs ver-
anlaßt uns folgender Umstand.

Die Bewegungsgleichungen der *Newton*schen Mechanik
bewahren ihre Gestalt nicht, wenn man mit Hilfe der
*Lorentz-Einstein*schen Transformationen neue Koordinaten
einführt. Infolgedessen mußten die Grundgleichungen der
Mechanik entsprechend umgestaltet werden. Dabei ergab
sich, daß das *Newton*sche Grundgesetz der Bewegung:
Kraft = Masse $\times$ Beschleunigung, nicht beibehalten werden
kann und daß der Ausdruck für die kinetische Energie
eines Körpers nicht mehr durch die einfache Beziehung
zwischen Masse und Geschwindigkeit : $\frac{1}{2}\, m \cdot v^2$ geliefert
wird; beides Folgen der notwendig werdenden Änderung
unserer Auffassung vom Wesen der Masse der Materie.
Das neue Relativitätsprinzip und die Gleichungen der Elektrodynamik lieferten vielmehr als fundamentale neue Erkenntnis, daß auch jeglicher Energie träge Masse zukommt
und ein Massenpunkt durch Ein- oder Ausstrahlung von
Energie an träger Masse gewinnt bzw. einbüßt, wie in der
Anmerkung 5 im Anhang an einem einfachen Falle gezeigt wird. Die einfache Beziehung zwischen der kinetischen
Energie eines Körpers und seiner Geschwindigkeit relativ

zum Bezugssystem geht dabei in der neuen Kinematik ver-
loren. Die Einfachheit des Ausdrucks für die kinetische
Energie ermöglichte in der *Newton*schen Mechanik die Zer-
legung der Energie eines Körpers in die kinetische seiner
fortschreitenden Bewegung und der davon unabhängigen
inneren Energie des Körpers. Man betrachte z. B. ein
Gefäß mit irgendwelchen darin in Bewegung befindlichen
materiellen Teilchen. Zerlegt man die Geschwindigkeit jedes
Teilchens in zwei Bestandteile, in die allen gemeinsame
Schwerpunktsgeschwindigkeit und die jeweilige Geschwindigkeit eines Teilchens relativ zum Systemschwerpunkt, so
zerfällt nach den Formeln der klassischen Mechanik die
kinetische Energie in zwei Teile; einen, der ausschließlich
die Schwerpunktsgeschwindigkeit enthält und den üblichen
Ausdruck für die kinetische Energie des gesamten Systems,
(Masse des Gefäßes plus der Masse der Teilchen) darstellt,
und einen Bestandteil, der nur die inneren Geschwindigkeiten des Systems enthält. Diese Abtrennung der inneren
Energie ist nicht mehr möglich, sobald der Ausdruck für
die kinetische Energie die Geschwindigkeit nicht nur als
quadratischen Faktor enthält, so daß man zu der Auffassung hingeleitet wird, daß auch die innere Energie des
Körpers sich in seiner Energie der fortschreitenden Bewegung zur Geltung bringt und zwar durch eine Erhöhung
der trägen Masse des Körpers.

Diese Entdeckung der Trägheit der Energie schuf
ganz neue Voraussetzungen für die Mechanik. Die klassische Mechanik faßt die träge Masse eines Körpers als eine
ihm zukommende absolute unveränderliche Größe auf.
Die spezielle Relativitätstheorie sagt zwar nichts über die
Trägheit der Materie unmittelbar aus; aber sie lehrt,
daß jegliche Energie auch Trägheit besitzt. Da nun

jede Materie jederzeit einen wahrscheinlich enorm großen
Betrag an latenter Energie enthält, setzt sich die von uns
beobachtete Trägheit eines Körpers aus zwei Komponenten
zusammen, der Trägheit der Materie und der Trägheit
seines Gehaltes an Energie und ändert sich folglich je
nach dem Betrage dieses Energieinhaltes. Diese Auffassung
führt zwanglos dahin, überhaupt die Erscheinung der
Trägheit an den Körpern ihrem Gehalt an Energie zu-
zuschreiben.

Damit entstand die wichtige Aufgabe, diese neuen
Erkenntnisse des Wesens der trägen Masse den Prinzipien der Mechanik einzuordnen. Hierbei erhob sich
eine Schwierigkeit, welche gewissermaßen die Grenzen der
Leistungsfähigkeit der speziellen Relat.vitätstheorie auf-
deckt. Eine der sichersten Erfahrungstatsachen der Mechanik
ist nämlich die Gleichheit der trägen und der schweren
Masse der Körper. In der Gewißheit ihres Bestehens
messen wir die träge Masse eines Körpers stets durch sein
Gewicht. Das Gewicht eines Körpers ist jedoch nur in
bezug auf ein Gravitationsfeld (s. Anmerkung 18)
definiert, für uns in bezug auf das der Erde; die träge
Masse eines Körpers ist aber als Attribut der Materie ohne
Bezugnahme auf irgendwelche physikalische Zustände außerhalb des Körpers definiert. Wie kommt
dann aber die rätselhafte Übereinstimmung in den Beträgen
für die träge und die schwere Masse der Körper zustande?
Diese Frage kann auch die spezielle Relativitätstheorie nicht
beantworten. Noch mehr: Ihr zufolge erscheint sogar die
Erfahrungstatsache der Gleichheit von träger und schwerer
Masse gefährdet, die zu den sichersten Erfahrungstatsachen
der ganzen Naturwissenschaft gehört. Denn die spezielle
Relativitätstheorie verlangt zwar eine Trägheit, bietet aber

keine Anhaltspunkte für eine Schwere der Energie. Infolgedessen gewinnt ein Körper durch Energieaufnahme zwar an träger, aber nicht notwendigerweise gleichzeitig an schwerer Masse, und das Prinzip der Gleichheit von träger und schwerer Masse findet folglich auch in der speziellen Relativitätstheorie keine tiefere Begründung. Hierzu bedurfte es einer Theorie der Schwereerscheinungen, einer Gravitationstheorie. Darum kann die spezielle Relativitätstheorie auch nur als die Vorstufe zu einer „allgemeinen" aufgefaßt werden, welche die Gravitationserscheinungen befriedigend in die Prinzipien der Mechanik einordnete.

Hier setzen *Einstein*s Untersuchungen über eine allgemeine Relativitätstheorie ein. Sie haben erwiesen, daß durch *eine Ausdehnung des Relativitätsprinzips auf beschleunigte Bewegungen* und durch *Eingliederung der Gravitationserscheinungen in die Grundprinzipien der Mechanik* eine neue Grundlegung für diese möglich wird, bei der sich alle prinzipiellen Schwierigkeiten lösen. Diese allgemeine Relativitätstheorie stellt eine konsequente Weiterführung der in der speziellen Relativitätstheorie gewonnenen Erkenntnisse dar. Allerdings hat dieser Ausbau der Theorie eine wesentliche Erweiterung und Vertiefung der allgemeinen Fundamente erforderlich gemacht, auf die sich unsere ganze Naturbeschreibung gründet. Darum ist ein volles Verständnis der allgemeinen Relativitätstheorie nur möglich, wenn ihre Stellungnahme gegenüber diesen erkenntnistheoretischen Grundlagen voll erfaßt wird. Ich beginne deshalb die Darstellung der neuen Theorie damit, daß ich zwei allgemeine Forderungen aufstelle, denen alle Naturgesetze genügen sollten, die jedoch beide von den Grundgesetzen der klassischen Mechanik nicht befolgt wurden. Ihre strenge Berücksichtigung verleiht dagegen der neuen Theorie das besondere Gepräge; hier eröffnet sich demgemäß eine Eingangspforte **zum** Verständnis der wesentlichen Grundzüge der **allgemeinen** Relativitätstheorie.

2.

Zwei Forderungen prinzipieller Natur bei der mathematischen Formulierung der Naturgesetze.

Newton hat das einfache und fruchtbare Gesetz aufgestellt, daß zwei Körper, auch wenn sie, wie z. B. die Gestirne, nicht sichtbar miteinander verbunden sind, aufeinander einwirken und einander mit einer Kraft anziehen, die proportional ihren Massen und umgekehrt proportional dem Quadrat ihres gegenseitigen Abstandes ist. Dieses Gesetz haben schon *Huygens* und *Leibniz* abgelehnt, weil es einer Grundforderung, die man an jedes physikalische Gesetz stellen müsse, nicht entspräche: der Forderung der Kontinuität (Stetigkeit der Kraftübertragung, Nahewirkung). Wie sollten zwei Körper aufeinander wirken ohne ein die Wirkung übertragendes Medium? In der Tat war das Bedürfnis nach einer befriedigenden Antwort auf diese Frage so groß, daß man, um ihm zu genügen, schließlich die Existenz eines das ganze Universum erfüllenden und alles durchdringenden Stoffes, des Weltäthers, annahm, obwohl dieser Stoff zu ewiger Unsichtbarkeit und Unfühlbarkeit, also zur Unbeobachtbarkeit, verdammt schien, und man ihm auch sonst allerlei einander widersprechende Eigenschaften zuschreiben mußte. Mit der Zeit erhob man aber im Gegensatz zu solchen Annahmen immer entschiedener die Forderung, daß bei der Formulierung der Naturgesetze nur solche Dinge miteinander zu verknüpfen seien, die tatsächlich der Beobachtung unterliegen, eine Forderung, die unzweifelhaft der gleichen Quelle des Erkenntnistriebes entspringt wie diejenige der Stetigkeit, und die dem Kausalitätsprinzip erst den wahren Charakter eines Gesetzes für die Erfahrungswelt verleiht.

In der Verknüpfung und konsequenten Erfüllung dieser zwei Forderungen liegt, glaube ich, ein Kernpunkt der *Einstein*schen Forschungsart; sie verleiht seinen Ergebnissen die tiefgreifende Bedeutung für die Gestaltung des physikalischen Weltbildes. In dieser Hinsicht werden seine Bestrebungen auch wohl bei den Naturforschern nirgends auf prinzipiellen Widerspruch stoßen, denn beide Forderungen: die der Kontinuität und die der kausalen Verknüpfung von lediglich beobachtbaren Dingen in den Naturgesetzen, sind naturgemäß; es könnte höchstens bezweifelt werden, ob es zweckmäßig ist, auf solche fruchtbare Hilfsvorstellungen wie die „Fernkräfte" zu verzichten.

Das Prinzip der Kontinuität verlangt, daß sich alle Naturgesetze als Differentialgesetze formulieren lassen. Man muß also allen Naturgesetzen eine solche Fassung geben können, daß sie den physikalischen Zustand an irgendeinem Orte durch denjenigen der unmittelbaren Nachbarschaft vollständig bestimmen. Infolgedessen dürfen in ihnen nicht die Abstände endlich entfernter Punkte, sondern nur solche unendlich nah benachbarter Punkte auftreten. Das oben angegebene *Newton*sche Attraktionsgesetz verstößt als Fernwirkungsgesetz gegen diese erste Forderung.

Die zweite Forderung, die der strengeren Fassung der Kausalität in den Naturgesetzen, steht in enger Beziehung zu einer allgemeinen Relativitätstheorie der Bewegungen.

Ein solches allgemeines Relativitätsprinzip fordert die Gleichwertigkeit aller in der Natur möglichen Bezugssysteme bei der Beschreibung der Naturvorgänge und vermeidet dadurch die Einführung des höchst fragwürdigen Begriffes des absoluten Raumes, den aus bekannten Gründen (siehe Abschnitt 4) die *Newton*sche Mechanik nicht zu umgehen vermag. Eine allgemeine Relativitätstheorie würde, unter Ausschluß der fiktiven Größe: absoluter Raum, die Gesetze der Mechanik auf Aussagen über Relativbewegungen der Körper gegeneinander reduzieren, die ja in der Tat ausschließlicher Gegenstand unserer Beobachtung sind. Ihre Gesetze werden demgemäß in vollständigerer Weise nur auf Beobachtbares sich gründen, als es die Gesetze der klassischen Mechanik tun.

Die unbedingte Durchführung des Prinzips der Kontinuität und des Prinzips der Relativität in seiner allgemeinsten Fassung greift aber tief in die Frage der mathematischen Formulierung der Naturgesetze ein. Deshalb ist es erforderlich, eine Betrachtung prinzipieller Natur über diese Frage hier anzustellen.

3.

Zur Erfüllung der beiden Forderungen.

Die mathematische Einkleidung eines Naturgesetzes geschieht durch die Aufstellung einer Formel. Sie umfaßt und ersetzt durch eine Gleichung das Ergebnis sämtlicher Messungen, die den Ablauf eines Vorganges zahlenmäßig wiedergeben würden. Solche Formeln wenden wir nicht nur dann an, wenn wir die Mittel in der Hand haben, das Ergebnis der Rechnungen durch tatsächliche Messungen zu

kontrollieren, sondern auch dann, wenn die Messungen gar
nicht ausführbar sind, sondern nur ausführbar gedacht
werden. So z. B., wenn man von dem Abstande des Mondes
von der Erde spricht und ihn in Metern ausdrückt, wie
wenn es wirklich möglich wäre, ihn durch fortgesetztes
Anlegen eines Metermaßes auszumessen.

Mit diesem Hilfsmittel der Analysis haben wir den Bereich exakter Forschung weit über den uns tatsächlich zu-
gänglichen Meßbereich ausgedehnt, und zwar sowohl nach
der Grenze des Unmeßbar-Großen wie auch der des Unmeß-
bar-Kleinen hin. In einer solchen Formel zur Beschreibung
eines Vorganges treten nun Symbole für diejenigen Größen
auf, welche gewissermaßen die Grundelemente der Messungen
sind, mit deren Hilfe wir den Vorgang zu begreifen suchen,
also z. B. bei allen Raummessungen Symbole für die „Länge‟
eines Stabes, das „Volumen‟ eines Würfels usf. Bei der
Schaffung dieser Grundelemente der Raummessungen leitete
uns bisher die Vorstellung des starren Körpers, der ohne
irgendwelche Änderung seiner Ausdehnungsverhältnisse im
Raum frei beweglich sein sollte. Durch wiederholtes Anlegen eines starren Einheitsmaßstabes an den auszumessen-
den Körper gewinnen wir Aufschluß über dessen räumliche
Größenverhältnisse. Dieser Begriff des idealen starren,
frei beweglichen, Maßstabes, in der Praxis wegen allerlei
störender Einflüsse, wie z. B. der Wärmeausdehnung, nur
bis zu einem gewissen Grade realisierbar, stellt den Grund-
begriff der Maßgeometrie dar. Die Schaffung der mathematischen Ausdrücke, die als Symbole für diese Grundelemente der Messungen, wie z. B. Länge eines Stabes,
Volumen eines Würfels usw., einzutreten haben, — um
dann der Analysis gleichsam alle Verantwortung für die Folgerungen zu überlassen —, ist nun ein Grundproblem der theo-

retischen Physik und steht in engster Beziehung zu den beiden Forderungen, von denen wir zu Anfang sprachen. Um das einzusehen, muß man auf die Grundlagen der Geometrie zurückgehen und sie von den Gesichtspunkten aus analysieren, wie das *Helmholtz* in verschiedenen Aufsätzen getan hat und *Riemann* in seiner Habilitationsschrift (1854) „Über die Hypothesen, welche der Geometrie zugrunde liegen". *Riemann* weist fast prophetisch auf die Wege hin, die *Einstein* jetzt beschritten hat.

a) Das Linienelement in der dreidimensionalen Mannigfaltigkeit der Raumpunkte in der mit beiden Forderungen verträglichen Fassung.

Jeder Punkt im Raume kann durch drei Zahlen x_1, x_2, x_3, die wir z. B. als die Maßzahlen eines rechtwinkligen Koordinatensystems ihm zuordnen können, eindeutig unter allen übrigen Punkten ausgezeichnet werden; indem wir diese drei Zahlen kontinuierlich verändern, können wir jeden einzelnen Raumpunkt eindeutig festlegen. Das System der Raumpunkte stellt, wie *Riemann* sich ausdrückt, eine „mehrfach ausgedehnte Größe" (Mannigfaltigkeit) dar, zwischen deren einzelnen Elementen (Punkten) ein kontinuierlicher Übergang möglich ist. Wir kennen noch andere kontinuierliche Mannigfaltigkeiten, z. B. das System der Farben, das System der Töne u. a. m. Ihnen allen ist gemein, daß die Festlegung eines Elementes innerhalb der gesamten Mannigfaltigkeit (eines bestimmten Punktes, einer bestimmten Farbe, eines bestimmten Tones) eine charakteristische Zahl von Größenbestimmungen erfordert; diese Zahl nennt man die Dimension der be treffenden Mannigfaltigkeit. Sie beträgt für den Raum „drei", für die Fläche „zwei", für die Linie „eins". Das System der Farben ist z. B. eine kontinuierliche Mannigfaltigkeit der Dimension „drei", entsprechend der Dreizahl der „Grundfarben" Rot, Grün, Violett, durch deren Zusammenmischung jede Farbe herstellbar ist.

Mit der Annahme der Stetigkeit des Überganges von einem Element zu einem anderen innerhalb einer Mannigfaltigkeit und mit der Festlegung ihrer Dimensionszahl ist aber noch nichts ausgesagt über die Möglichkeit, abgegrenzte Teile dieser Mannigfaltigkeit miteinander zu vergleichen, z. B. über die Möglichkeit, zwei einzelne Töne miteinander zu vergleichen, oder die Möglichkeit, zwei einzelne Farben miteinander zu vergleichen; d. h. es ist noch nichts über die „Maßverhältnisse" der Mannigfaltigkeit ausgesagt, etwa über die Art der Maßstäbe, mit denen man innerhalb der Mannigfaltigkeit Messungen vornehmen kann. Vielmehr muß uns hierfür erst die Erfahrung Tatsachen kennen lehren, damit wir für die uns jeweilig beschäftigende Mannigfaltigkeit (Raumpunkte, Farben, Töne), die unter den verschiedenartigen physikalischen Zuständen gültigen Maßgesetze aufstellen können; diese Maßgesetze werden je nachdem, welche Erfahrungstatsachen wir dazu heranziehen, verschieden ausfallen können[6]).

Für die Mannigfaltigkeit der Raumpunkte hat uns die Erfahrung die Tatsache kennen gelehrt, daß endliche starre Punktsysteme im Raume frei bewegt werden können, ohne ihre Form und ihre Dimensionen zu verändern; und der aus dieser Tatsache abgeleitete Begriff der „Kongruenz" ist das befruchtende Moment für eine Maßbestimmung geworden[7]). Sie stellt uns die Aufgabe, aus den Zahlen x_1, x_2, x_3 und y_1, y_2, y_3, welche zwei bestimmten Punkten im

Raum zugeordnet sind und die wir uns als die Endpunkte
eines starren Maßstäbchens denken können, einen mathematischen Ausdruck zu bilden, den man als Maß für ihren
gegenseitigen Abstand, d. h. also als Ausdruck für die Länge
des Maßstäbchens ansehen und als solchen in die Formeln
für die Naturgesetze einführen kann.

Nun enthalten die Gleichungen für die Naturgesetze, wenn
sie — um die Forderung der „Kontinuität" zu erfüllen —
Differentialgesetze sind, nur die Abstände ds unendlich nah
benachbarter Punkte, sogenannte Linienelemente. Wir
müssen darum fragen, ob unsere beiden Forderungen auf
den analytischen Ausdruck für das Linienelement ds
von Einfluß sind, und, falls ja, welcher Ausdruck mit beiden
verträglich ist. *Riemann* verlangt von einem Linienelement
vorerst nur, daß es seiner Länge nach unabhängig von
Ort und Richtung mit jedem anderen verglichen werden
kann. Dies ist ein charakteristisches Merkmal der Maßverhältnisse im Raum, und bedeutet praktisch die freie
Beweglichkeit der Maßstäbe; in der Mannigfaltigkeit der
Töne und in der Mannigfaltigkeit der Farben existiert z. B.
dieses Merkmal nicht (s. Anmerkung 6). *Riemann* formuliert
diese Bedingung mit den Worten, „daß die Linien unabhängig
von der Lage eine Länge besitzen und jede Linie durch eine
andere meßbar sein soll". Alsdann findet er: Bezeichnen
x_1, x_2, x_3 bzw. $x_1 + dx_1$, $x_2 + dx_2$, $x_3 + dx_3$ zwei unendlich
nahe Raumpunkte, und entspringen die kontinuierlich
veränderlichen Zahlen x_1, x_2, x_3 irgendwelcher Zuord-
nung von Zahlen an die Punkte des Raumes (Koordinaten),
so hat die Quadratwurzel aus einer ständig positiven,
ganzen, homogenen Funktion zweiten Grades der Differentiale dx_1, dx_2, dx_3 alle Eigenschaften[8]), die das Linienelement als Ausdruck für die Länge eines unendlich kleinen

starren Maßstäbchens aufweisen muß. Man wird also in dem Ausdruck:

$$d\,s = \sqrt{g_{11}\mathrm{d}\,x_1{}^2 + g_{12}\,\mathrm{d}\,x_1\,\mathrm{d}\,x_2 + \ldots + g_{33}\,\mathrm{d}\,x_3{}^2}$$

in welchem die Koeffizienten $g_{\mu\,\nu}$ stetige Funktionen der drei Veränderlichen x_1, x_2, x_3 sind, einen Ausdruck für das Linienelement im Punkte x_1, x_2, x_3 besitzen.

Über die Art der Koordinaten, die durch die drei Veränderlichen x_1, x_2, x_3 repräsentiert werden, d. h. also über besondere metrische Eigenschaften der Mannigfaltigkeit, welche über die Forderung der freien Beweglichkeit der Maßstäbe hinausgehen, sind in diesem Ausdruck keine Voraussetzungen getroffen. Fordert man jedoch speziell, daß jeder Punkt in der Mannigfaltigkeit durch rechtwinklige Cartesische Koordinaten x, y, z festgelegt werden kann, wodurch über die Lagerungsmöglichkeiten der Maßstäbe besondere Annahmen gemacht werden, so nimmt das Linienelement in diesen speziellen Veränderlichen die Gestalt

$$d\,s = \sqrt{\mathrm{d}\,x^2 + \mathrm{d}\,y^2 + \mathrm{d}\,z^2}$$

an. Dieser Ausdruck ist bisher stets für die Länge des Linienelementes in alle physikalischen Gesetze eingeführt worden; er ist in dem allgemeineren Ausdruck des *Riemann*schen Linienelementes $d\,s$ als spezieller Fall $g_{\mu\nu} \begin{cases} = 1 & \mu = \nu \\ = 0 & \mu \neq \nu \end{cases}$ enthalten. Die Beschränkung auf diese spezielle Gestalt des Linienelementes ermöglicht bei allen Raummessungen die Anwendung der Maßgesetze der euklidischen Geometrie. Diese besondere Annahme über die metrische Beschaffenheit des Raumes enthält aber, wie *Helmholtz* eingehend diskutiert hat, unter anderem die Hypothese, daß endliche starre Punktsysteme, also endliche starre Abstände, im Raume frei beweglich sind und mit anderen (kongruenten) Punktsystemen zur Deckung gebracht werden können. Im Hinblick auf die Forderung der Kontinuität erscheint diese Hypothese insofern inkonsequent, als sie implizite Aussagen über endliche Abstände in reine Differentialgesetze, in denen nur Linienelemente auftreten, einführt; aber sie widerspricht ihr nicht.

Anders stellt sich die Forderung der Relativität aller Bewegungen zu der Möglichkeit, dem Linienelement die spezielle euklidische Gestalt zu erteilen*), und zwar aus folgendem Grunde:

Nach dem Prinzip der Relativität aller Bewegungen müssen alle Bezugssysteme, die durch Relativbewegungen der Körper auseinander hervorgehen, als völlig gleichberechtigt gelten können. Die Naturgesetze müssen also beim Übergange von einem solchen System zu einem anderen ihre Gestalt bewahren; d. h. die diesen Übergang bewerkstelligenden Transformationen der Veränderlichen x_1, x_2, x_3 in andere dürfen den analytischen Ausdruck für das betrachtete Naturgesetz nicht verändern.

Dies führt zur Aufstellung eines Relativitätsprinzips, welches im folgenden als das allgemeine Relativitätsprinzip bezeichnet werden soll, und das die Invarianz der Natur-

---

*) Strenggenommen müßte ich hier schon vorwegnehmen, daß die obigen Überlegungen in durchsichtiger Weise verallgemeinert eigentlich auch für die vierdimensionale *Raum-Zeit*-Mannigfaltigkeit gelten, in der sich ja in Wahrheit alle Vorgänge abspielen, und die Transformationen sich auf die vier Veränderlichen derselben beziehen. Bei diesen allgemein gehaltenen Überlegungen hat jedoch die Vernachlässigung der vierten Dimension nichts zu besagen. Eine Begründung folgt Abschnitt 3 b.

gesetze gegenüber beliebigen stetigen Substitutionen der vier Veränderlichen fordert. Auch das in ihnen auftretende Linienelement muß bei beliebiger Transformation der Veränderlichen seine Gestalt bewahren. Dieser Forderung wird nun in der Tat das Linienelement

$$\mathrm{d}\,s = \sqrt{g_{11}\,\mathrm{d}\,x_1{}^2 + g_{12}\,\mathrm{d}\,x_1\,\mathrm{d}\,x_2 + \ldots + g_{33}\,\mathrm{d}\,x_3{}^2}$$

gerecht, in dem über die Art der Ausmessung des Raumes, d. h. darüber, was für Koordinaten die Veränderlichen x_1, x_2, x_3 bedeuten sollen, keinerlei beschränkender Vorbehalt gemacht ist. Das **euklidische** Linienelement

$$\mathrm{d}\,s = \sqrt{\mathrm{d}\,x^2 + \mathrm{d}\,y^2 + \mathrm{d}\,z^2}$$

bewahrt seine Gestalt dagegen n u r bei den Transformationen der s p e z i e l l e n Relativitätstheorie, die sich auf gleichförmig geradlinig bewegte Systeme beschränkt. Infolgedessen muß das Bogenelement den weiteren Forderungen einer allgemeinen Relativitätstheorie angepaßt werden, so daß es gegenüber beliebigen Substitutionen seine Gestalt bewahrt. Dies leistet das *Riemann*sche aber nicht das euklidische Linienelement.

Die Wahl des Ausdruckes:

$$\mathrm{d}\,s^2 = \sum_{1}^{3} g_{\mu\nu}\,\mathrm{d}\,x_\mu\,\mathrm{d}\,x_\nu$$

für das Linienelement in den Naturgesetzen ist dabei trotz seiner großen Allgemeinheit dennoch als eine Hypothese aufzufassen, wie schon *Riemann* hervorhebt. Denn auch andere Funktionen der Differentiale $\mathrm{d}x_1$, $\mathrm{d}x_2$, $\mathrm{d}x_3$, z. B. die vierte Wurzel aus einem homogenen Differentialausdruck vierter Ordnung derselben, könnten ein Maß für die Länge des Linienelementes abgeben[9]). Aber es liegt zur Zeit kein Anlaß vor, den einfachsten allgemeinen Ausdruck für das

Linienelement, nämlich denjenigen zweiter Ordnung, zu verlassen und kompliziertere Funktionen heranzuziehen. Im Rahmen der beiden Forderungen, welche wir der Beschreibung der Naturvorgänge auferlegen, erfüllt er alle Anforderungen. Immerhin darf man nie vergessen, daß in der Wahl des analytischen Ausdruckes für das Linienelement stets Hypothetisches enthalten ist, und daß es Pflicht des Physikers ist, sich dieser Tatsache jederzeit vorurteilslos bewußt zu sein. *Riemann* beschließt darum auch seine Schrift*) mit folgenden, jetzt besonders bedeutsam wirkenden, Sätzen:

„Die Frage über die Gültigkeit der Voraussetzungen der Geometrie im Unendlichkleinen hängt zusammen mit der Frage nach dem inneren Grunde der Maßverhältnisse des Raumes. Bei dieser Frage, welche wohl noch zur Lehre vom Raume gerechnet werden darf, kommt die obige Bemerkung zur Anwendung, daß bei einer diskreten[10]) Mannigfaltigkeit das Prinzip der Maßverhältnisse schon in dem Begriffe dieser Mannigfaltigkeit enthalten ist, bei einer stetigen aber anderswoher hinzukommen muß. Es muß also entweder das dem Raume zugrunde liegende Wirkliche cine diskrete Mannigfaltigkeit bilden oder der Grund der Maßverhältnisse außerhalb, in darauf wirkenden bindenden Kräften, gesucht werden.

Die Entscheidung dieser Fragen kann nur gefunden werden, indem man von der bisherigen durch die Erfahrung bewährten Auffassung der Erscheinungen, wozu *Newton* den Grund gelegt, ausgeht und diese, durch Tatsachen, die sich aus ihr nicht erklären lassen, getrieben, allmählich umarbeitet; solche Untersuchungen, welche, wie die hier ge-

---

*) *B. Riemann*, Über die Hypothesen, welche der Geometrie zugrunde liegen. Neu herausgegeben und erläutert von *H. Weyl*. Berlin, Verlag von Julius Springer. 1919.

führte, von allgemeinen Begriffen ausgehen, können nur dazu dienen, daß diese Arbeit nicht durch Beschränktheit der Begriffe gehindert und der Fortschritt im Erkennen des Zusammenhanges der Dinge nicht durch überlieferte Vorurteile gehemmt wird.

Es führt dies hinüber in das Gebiet einer anderen Wissenschaft: in das Gebiet der Physik, welches wohl die Natur der heutigen Veranlassung nicht zu betreten erlaubt."

Also: Nach *Riemanns* Auffassung werden diese Fragen entschieden, wenn man von der *Newton*schen Auffassung der Erscheinungen ausgeht und sie durch Tatsachen, die sich bisher aus ihr nicht erklären lassen, getrieben, allmählich umarbeitet. Das ist es, was *Einstein* getan hat. Die „bindenden Kräfte", auf die *Riemann* hinweist, werden wir in der Tat in der *Einstein*schen Theorie wiederfinden. Wie wir im fünften Abschnitte sehen werden, fußt nämlich die *Einstein*sche Theorie der Gravitation in der Auffassung, daß die Gravitationskräfte die „bindenden Kräfte", also den „inneren Grund der Maßverhältnisse", im Raume darstellen.

b) Das Linienelement in der vierdimensionalen Mannigfaltigkeit der Raum - Zeit - Punkte in der mit beiden Forderungen verträglichen Fassung.

Die Maßverhältnisse, die wir bei der Formulierung der Naturgesetze zugrunde legen sollen, hätte man gleich mit Rücksicht auf die vierdimensionale Mannigfaltigkeit der Raum-Zeit-Punkte behandeln können. Denn die spezielle Relativitätstheorie hat zu der wichtigen Erkenntnis geführt, daß die Raum-Zeit-Mannigfaltigkeit einheitliche Maßverhältnisse in ihren vier Dimensionen besitzt. Ich möchte trotzdem die Zeitmessung gesondert behandeln, einmal, weil gerade dieses Ergebnis der Relativitätstheorie bei den Anhängern der klassischen Mechanik den größten Widerspruch gefunden hat, dann aber, weil auch die klassische Mechanik Festsetzungen wegen der Zeitmessung treffen muß, aber nie in dieser Frage völlige Einigkeit erzielt hat. Die Schwierigkeiten, mit denen die klassische Mechanik zu kämpfen hat, liegen schon in ihren ersten Grundbegriffen verborgen. Besonders das Trägheitsgesetz gab immer wieder Anlaß zur Kritik an den Grundlagen der Mechanik, und da auch die Grundlagen der Zeitmessung zu dem Trägheitsgesetz in enge Beziehung gesetzt worden waren, so berührten diese Kritiken stets auch die Grundlagen der Zeitmessung.

Diesem Trägheitsgesetz, welches lautet: Ein äußeren Einflüssen nicht unterworfener Körper bewegt sich mit gleichförmiger Geschwindigkeit auf einer geraden Bahn: fehlen nämlich zwei wesentliche Bestimmungsstücke, die Beziehung der Bewegung auf ein bestimmtes Koordinatensystem und ein bestimmtes Zeitmaß; ohne Zeitmaß kann man nicht von einer gleichförmigen Geschwindigkeit sprechen.

Nach einem Vorschlage von *C. Neumann* hat man das Trägheitsgesetz selbst zur Definition eines Zeitmaßes herangezogen, und zwar in der Formulierung[11]): „Zwei materielle Punkte, von denen jeder sich selbst überlassen ist, bewegen sich in solcher Weise fort, daß gleichen Wegabschnitten des einen immer gleiche Wegabschnitte des anderen korrespondieren." Auf Grund dieses Prinzips, in welches die Zeitmessung nicht explizite eingeht, können wir „gleiche Zeitintervalle als solche definieren, innerhalb welcher ein sich selbst überlassener Punkt gleiche Wegabschnitte zurücklegt".

Diesen Standpunkt haben auch in späteren Untersuchungen über das Trägheitsgesetz z. B. *L. Lange* und *H. Seeliger* eingenommen. Auch *Maxwell* hat (in „Substanz und Bewegung") diese Definition gewählt. Dagegen hat besonders *H. Streintz*[12]) (im Anschluß an *Poisson* und *d'Alembert*) die Loslösung der Zeitmessung vom Trägheitsgesetz· gefordert, da ihre begrifflichen Voraussetzungen eine tiefere und allgemeinere Grundlage als das Trägheitsprinzip hätten. Nach seiner Ansicht kann jeder physikalische Vorgang, den man unter identischen Bedingungen wirklich wiederholen kann, zur Festsetzung einer Einheit der Zeitmessung dienen, da jeder identische Vorgang gleiche Dauer beanspruchen muß; anderenfalls wäre überhaupt eine gesetzmäßige Beschreibung der Naturvorgänge ausgeschlossen. In der Tat beruht auf diesem Prinzip die Uhr. Es führt einen Beobachter wenigstens für seinen Beobachtungsort zu einer Zeitmessung. Dahingegen liefert die Zurückführung der Zeitmessung auf das Trägheitsgesetz zwar eine einwandfreie Definition gleicher Zeitlängen, aber die Messung gleicher Wegabschnitte, die ein gleichförmig bewegter Körper zurücklegt, und damit die Festlegung einer Zeiteinheit ist physikalisch für irgendeinen Beobachtungsort nur dann möglich, wenn der Beobachter und der Körper dauernd, z. B. durch Lichtsignale, verbunden sind. Und man ist nicht berechtigt, ohne weiteres vorauszusetzen, daß zwei Beobachter, die relativ zueinander in gleichförmiger Translation begriffen sind, die also nach dem Trägheitsgesetz gleichwertig sind, in bezug auf denselben bewegten Körper auf diese Weise zu identischen Zeitmessungen gelangen werden. — Der *Poisson*sche Gedanke ermöglichte also an einem gegebenen Beobachtungsorte selbst eine befriedigende Zeitmessung, gewissermaßen die Konstruktion einer Uhr, berührte aber die Frage der Zeitbeziehung verschiedener Beobachtungsorte aufeinander gar nicht; der *Neumann*sche Vorschlag dagegen wirft gerade diese Frage auf, die seit der Aufstellung des Relativitätsprinzips durch *Einstein* im Mittelpunkte der Diskussion steht.

Bei dem Streben, die klassische Mechanik auf eine möglichst kleine Zahl von widerspruchsfreien Prinzipien zurückzuführen, nahm man zu Idealkonstruktionen und Gedankenexperimenten seine Zuflucht. Man kam dabei gar nicht auf die Vermutung, daß bei der Festlegung einer Zeiteinheit auf Grund des Trägheitsgesetzes, also durch Messung einer Länge (Wegabschnitt) der Bewegungszustand des Beobachters von Einfluß sein könne. Man nahm an, daß die bei den erforderlichen Beobachtungen gewonnenen Daten, bei der Feststellung einer Gleichzeitigkeit und der Auswertung der Länge eines Wegabschnittes, eine von den Beobachtungsbedingungen völlig unabhängige absolute Bedeutung hätten. Das ist jedoch, wie *Einstein* erwiesen hat, nicht der Fall. Vielmehr hat gerade diese neue Erkenntnis der Relativität der Zeit- und Längenmessungen den Ausgangspunkt bei seiner Aufstellung des speziellen Relativitätsprinzips gebildet.[13]) Sie ist eine notwendige Folge der universellen Bedeutung der Lichtgeschwindigkeit, von der wir im 1. Abschnitt sprachen. Ihre Erkenntnis hat uns erst die richtigen Transformationsgleichungen geliefert, um die Raum-Zeitmessungen in gradlinig gleichförmig zu einander bewegten Systemen aufeinander zu beziehen, worauf es ja bei dem *Neumann*schen Vorschlag zur Festlegung eines Zeitmaßes mit Hilfe des Trägheitsgesetzes ankommt. In den neuen Transformationsgleichungen ist aber nicht identisch $t' = t$, sondern

$$t' = \frac{t - \dfrac{v}{c^2} x}{\sqrt{1 - \dfrac{v^2}{c^2}}}.$$

Die Zeitmessungen in dem zweiten, relativ zum anderen bewegten, System werden also durch die Geschwindigkeit v der beiden Systeme gegeneinander wesentlich bedingt. Infolgedessen führt die Festlegung eines Zeitmaßes auf Grund des Trägheitsgesetzes, wie das *Neumann* vorgeschlagen hat, gar nicht zu dem Resultate, daß die Zeitmessungen völlig unabhängig vom Bewegungszustande der gegeneinander bewegten Systeme sind, wie das in der klassischen Mechanik vorausgesetzt wird. Erst die Untersuchungen *Einsteins* zur speziellen Relativitätstheorie haben die prinzipiellen Voraussetzungen unserer Zeitmessungen vollständig aufgeklärt und dadurch eine empfindliche Lücke der klassischen Mechanik geschlossen.

Daß allerdings erst nach so vielen Jahren diese Mängel in den Annahmen über die Zeitmessungen fühlbar wurden, erklärt sich daraus, daß sogar die in der Astronomie auftretenden Geschwindigkeiten im Vergleich zur Lichtgeschwindigkeit so klein sind, daß sich zwischen den Beobachtungen und der Theorie keine auffallenden Mißhelligkeiten einstellen konnten. Infolgedessen traten die Schwächen der Theorie nicht fühlbar zutage, als bis das Studium der Elektronenbewegungen, bei denen Geschwindigkeiten von der Größenordnung der Lichtgeschwindigkeit auftreten, die Unzulänglichkeit der bestehenden Theorie erwies.

Die Einzelheiten, die aus der Relativität der Raum-Zeit-Messungen folgen, sind in den letzten Jahren so viel besprochen worden, daß sich nur oft Gesagtes wiederholen ließe. Wesentlich für die Betrachtungen dieses Abschnittes ist die Erkenntnis, zu der man gelangt, daß Raum und Zeit eine einheitliche Mannigfaltigkeit der Dimension „vier" mit einheitlichen Maßverhältnissen darstellen[14]). Infolgedessen hat man konsequenterweise die Überlegungen des vorangehenden Abschnittes über die Maßverhältnisse einer Mannigfaltigkeit auf die vierdimensionale Raum-Zeit-Mannigfaltigkeit anzuwenden, und hat im Hinblick auf die zwei prinzipiellen Forderungen — der Kontinuität und der Relativität — indem man die Zeitmessung als vierte Dimension einbezieht, für das Linienelement den Ausdruck anzusetzen:

$$\mathrm{d}\,s^2 = g_{11}\,\mathrm{d}\,x_1{}^2 + g_{12}\,\mathrm{d}\,x_1\,\mathrm{d}\,x_2 + \ldots + g_{34}\,\mathrm{d}\,x_3\,\mathrm{d}\,x_4 + g_{44}\,\mathrm{d}\,x_4{}^2,$$

in welchem die $g_{\mu\nu}$ (μ, $\nu = 1, 2, 3, 4$) Funktionen der Veränderlichen x_1, x_2, x_3, x_4 sind.

Zu dieser viel allgemeineren Stellungnahme gegenüber den Fragen der Maßgesetze in den physikalischen Formeln hat uns bisher nur das Bedürfnis geführt, von Anfang an in die Formulierung der Naturgesetze nicht mehr Voraussetzungen einzuführen, als mit den beiden Forderungen verträglich sind, und Anschauungen Anerkennung zu verschaffen, zu welchen die spezielle Relativitätstheorie hingeführt hat. Zusammenfassend können wir sagen: Die Voraussetzung der Gültigkeit euklidischer Maßverhältnisse ist zwar mit der Forderung der Kontinuität vereinbar; ihre besonderen Annahmen erscheinen aber als beschränkende Hypothesen, welche nicht gemacht zu werden brauchten. Die zweite Forderung: Zurückführung aller Bewegungen auf Relativbewegungen, zwingt uns aber dazu, die euklidische Maßbestimmung aufzugeben (S. 27). Eine Schilderung der in der Mechanik noch bestehenden Schwierigkeiten wird die Notwendigkeit dieses Schrittes noch verständlicher machen.

4.

Die prinzipiellen Schwierigkeiten der klassischen Mechanik.

Die Grundlagen der klassischen Mechanik lassen sich in engem Rahmen nicht erschöpfend darstellen. Ich kann für den hier vorliegenden Zweck nur die Bedenken gegen die Theorie deutlich hervortreten lassen, ohne ihren bisherigen Erfolgen gerecht werden zu können. Alle Bedenken gegen die klassische Mechanik beginnen schon bei der Formulierung des Gesetzes, das *Newton* an ihre Spitze stellt, der Formulierung des Trägheitsgesetzes.

Wie schon S. 30 betont wurde, läßt die Aussage, daß ein sich selbst überlassener Punkt sich mit gleichförmiger Geschwindigkeit auf einer geraden Linie bewegt, die Beziehung auf ein bestimmtes Koordinatensystem vermissen. Hier erhebt sich eine unüberbrückbare Schwierigkeit: die Natur liefert uns tatsächlich kein Koordinatensystem, in bezug auf welches eine geradlinig gleichförmige Bewegung möglich wäre. Denn sobald wir ein Koordinatensystem mit irgendeinem Körper, z. B. mit der Erde, der Sonne usw., verbinden — und das verleiht ihm erst eine physikalische Bedeutung —, so ist die Voraussetzung des Trägheitsgesetzes (die Freiheit von äußeren Einflüssen) wegen der Gravitationswirkung der Körper aufeinander nicht mehr erfüllt. Man muß demgemäß der Bewegung eines Körpers entweder eine Bedeutung an sich zusprechen, d. h. Bewegungen relativ zum „absoluten“ Raum zulassen, oder zu Gedankenexperimenten greifen, indem man, wie *C. Neumann*, einen hypothetischen Körper Alpha einführt und relativ zu diesem ein Achsensystem festlegt, in bezug auf welches dann das

3*

Trägheitsgesetz gelten soll (Inertialsystem)[15]). Die Alternative, vor die man so gestellt wird, ist höchst unbefriedigend. Die Einführung des absoluten Raumes gibt zu den oft diskutierten begrifflichen Schwierigkeiten Anlaß, an denen die Grundlagen der *Newton*schen Mechanik krankten. Und die Einführung des Bezugssystems Alpha trägt zwar der Relativität der Bewegungen so weit Rechnung, daß alle relativ zu einem Alphasystem gleichförmig bewegten weiteren Systeme von Anfang an als gleichwertig eingeführt werden; wir können aber bestimmt behaupten, daß es ein sichtbares Alphasystem gar nicht gibt und daß man auch nie zu einer endgültigen Festlegung eines solchen gelangen wird. (Man wird höchstens durch immer weiter geführte Berücksichtigung der Einflüsse der Fixsterne auf das Sonnensystem und aufeinander immer näher an ein Koordinatensystem kommen, das für das Sonnensystem die Rolle eines solchen Inertialsystems mit genügender Genauigkeit spielen kann.) Infolgedessen gibt der Urheber dieser Auffassung, *C. Neumann*, selbst zu, daß sie stets „Unbefriedigendes" und „Rätselhaftes" behalten werde und die so begründete Mechanik eigentlich eine recht wunderliche Theorie darstelle.

Darum erscheint es durchaus natürlich, wenn *E. Mach*[16]) den Vorschlag macht, das Trägheitsgesetz so zu formulieren, daß unmittelbar die Beziehung auf den Fixsternhimmel zutage tritt. „Statt zu sagen, die Richtung und Geschwindigkeit einer Masse μ im Raume bleibt konstant, kann man auch den Ausdruck gebrauchen, die mittlere Beschleunigung der Masse μ gegen die Massen m, m', m'', ... in den Entfernungen r, r', r'', ... ist gleich Null oder $\dfrac{d^2}{dt^2}\dfrac{\sum mr}{\sum m} = 0$. Letzterer Ausdruck ist dem ersten äquivalent, sobald man

nur hinreichend viele und hinreichend weite und große
Massen in Betracht zieht . . ." Befriedigen kann aber auch
diese Formulierung nicht. Abgesehen von einer gewissen
Bestimmtheit fehlt ihr auch der Charakter des Nahewirkungs-
gesetzes, so daß ihre Erhebung zum Grundgesetz (statt des
Trägheitsgesetzes) nicht in Frage kommt.

Die innere Ursache dieser Schwierigkeiten ist
sicherlich in dem ungenügenden Anschlusse der
Grundprinzipien an.die Beobachtung zu finden.
In Wahrheit beobachten wir nur die Bewegung von
Körpern relativ zueinander, und diese ist niemals absolut geradlinig und gleichförmig. Die reine Trägheits-
bewegung ist also eine durch Abstraktion aus
einem Gedankenexperiment gewonnene Vorstellung — eine Fiktion.

So fruchtbar und unerläßlich das Gedankenexperiment
auch oft sein mag, so droht doch jederzeit die Gefahr, daß
zu weit getriebene Abstraktion den naturwissenschaftlichen
Inhalt der ihm zugrunde liegenden Begriffe verflüchtigt.
Und so ist es hier. Wenn es für unsere Anschauung keinen
Sinn hat, von der „Bewegung eines Körpers" im Raum zu
sprechen, solange nur ein Körper vorhanden ist, hat es
dann einen Sinn, dem Körper auch noch Attribute, wie
träge Masse, zuzusprechen, die nur unserer Beobachtung
von mehreren Körpern entstammen, die sich relativ
zueinander bewegen? Wenn nicht, so kann·dem Begriffe
„träge Masse eines Körpers" auch nicht die absolute, d. h.
die von allen sonstigen physikalischen Bedingungen unabhängige Bedeutung zugesprochen werden, wie das bisher
geschehen war. — Solche Zweifel erhielten neue Nahrung,
als die spezielle Relativitätstheorie auch jeglicher Energie
Trägheit zusprach.[17])

Dieses Ergebnis der speziellen Relativitätstheorie brachte unsere ganze Auffassung von der Trägheit der Materie ins Wanken, denn sie raubte dem Satze von der Gleichheit der trägen und der schweren Masse der Körper seine strenge Gültigkeit. Jetzt sollte ein Körper je nach seinem Energieinhalte eine andere träge Masse haben, ohne daß sich seine schwere Masse verändert hätte. Seit jeher hatte man aber seine Masse aus seinem Gewicht ermittelt, ohne daß sich Unstimmigkeiten gezeigt hätten[18].

Eine solche fundamentale Schwierigkeit konnte zutage treten, weil man den Satz von der Gleichheit der trägen und der schweren Masse mit den Grundprinzipien der Mechanik nicht eng verflochten hatte und man in den Grundlagen der *Newton*schen Mechanik den Schwereerscheinungen nicht die gleiche Bedeutung wie den Trägheitserscheinungen beimißt, wie man es der Erfahrung nach tun müßte. Die Gravitation, als Fernwirkungskraft, führte man nur als Spezialkraft für einen beschränkten Bereich von Erscheinungen ein, und der überraschenden Tatsache der immer und überall geltenden Gleichheit von träger und schwerer Masse ging man nicht weiter nach. Um diesen Schwierigkeiten zu entgehen muß man an die Stelle des Trägheitsgesetzes ein Grundgesetz stellen, welches die Trägheitserscheinungen und die Gravitationserscheinungen umfaßt. Dies kann durch eine konsequente Durchführung des Prinzips der Relativität aller Bewegungen geschehen, wie *Einstein* erkannt hat. Diesen Umstand wählt *Einstein* daher zum Ausgangspunkt seiner Ansätze.

Man kann den Satz von der Gleichheit der trä-

gen und der schweren Masse, in dem sich der-
enge Zusammenhang der Trägheitserscheinungen und der
Gravitationserscheinungen widerspiegelt, noch von einer
anderen Seite beleuchten und dadurch seine enge Beziehung zu dem allgemeinen Relativitätsprinzip
aufdecken.

So sehr zwar *Newton* die Vorstellung des „absoluten
Raumes" widerstrebte, glaubte er doch in dem Auftreten
der Zentrifugalkräfte eine wesentliche Stütze für die Existenz
des absoluten Raumes zu sehen. Rotiert ein Körper, so
treten auf ihm Zentrifugalkräfte auf. Ihr Auftreten auf
dem Körper gestattet, auch ohne Gegenwart anderer
sichtbarer Körper seine Rotation nachzuweisen. Selbst
wenn die Erde ständig von einer undurchsichtigen Wolken-
decke eingeschlossen wäre, würde man ihre tägliche Drehung
doch durch den *Foucault*schen Pendelversuch feststellen können. Aus dieser Besonderheit der Rotationen schloß *Newton*
auf die Existenz absoluter Bewegungen. Rein kinematisch
betrachtet, unterscheidet sich aber die Rotation der Erde
in keiner Weise von der Translation; wir beobachten
auch hier nur Relativbewegungen von Körpern und
könnten uns ebensogut vorstellen, daß alle Körper des
Weltalls um die Erde rotierten. In der Tat hat *E. Mach*
nicht nur die kinematische, sondern auch die dynamische
Gleichwertigkeit beider Vorgänge behauptet; man muß
dann aber annehmen, daß die auf der rotierenden
Erde auftretenden Zentrifugalkräfte völlig identisch auf
der ruhenden auftreten würden als Äußerung der Massenanziehung durch die sämtlichen um die ruhende
Erde kreisenden Körper des Weltalls.[19])

Die Berechtigung zu einer solchen Auffassung, die zu-
nächst nur der kinematischen Anschauung entspringt, gibt

uns im wesentlichen die Erfahrungstatsache der Gleichheit der trägen und der schweren Masse der Körper. Nach der bisherigen Auffassung werden ja die Zentrifugalkräfte durch die Trägheit des rotierenden Körpers hervorgerufen (oder vielmehr durch die Trägheit seiner einzelnen Massenpunkte, die dauernd ihrer Trägheit zu folgen suchen und daher in der Tangente an die ihnen aufgezwungenen Kreisbahnen davonfliegen möchten). Das Zentrifugalfeld ist also ein Trägheitsfeld[20]). Daß wir es ebenso gut als ein Schwerefeld auffassen können — und das tun wir, sobald wir die Relativität der Rotationen auch in dynamischer Hinsicht behaupten, weil wir dann annehmen müssen, daß die Gesamtheit der den ruhenden Körper umkreisenden Massen durch ihre Gravitationswirkung auf ihn die sogenannten Zentrifugalkräfte auslösen —, das ist in der Gleichheit der trägen und der schweren Masse der Körper begründet, welche *Eötvös* mit außerordentlicher Genauigkeit gerade unter Benutzung der Zentrifugalkräfte der rotierenden Erde sichergestellt hat[21]). Man erkennt aus diesen Betrachtungen, wie ein allgemeines Prinzip der Relativität aller Bewegungen zugleich zu einer Theorie der Gravitationsfelder hinführt.

Nach alledem kann man sich dem Eindruck nicht mehr verschließen, daß ein Aufbau der Mechanik auf ganz neuer Basis ein unbedingtes Erfordernis ist. Eine befriedigende Formulierung des Trägheitsgesetzes ohne Berücksichtigung der Relativität aller Bewegungen ist nicht zu erhoffen, und demgemäß auch nicht die Befreiung der Mechanik von dem unnatürlichen Begriff der absoluten Bewegung; dann aber hat die Erkenntnis von der Trägheit der Energie Tatsachen kennen gelehrt, welche sich überhaupt nicht in das bestehende System einfügen und eine Revision der Grundlagen der Mechanik fordern. Die Forderungen, welche wir von vornherein (s. S. 19) stellen müssen, sind: „Beseitigung der Fernwirkungen und aller der Beobachtung unzugänglichen Größen aus den Grundgesetzen; d. h. Aufstellung einer Differentialgleichung, welche die Bewegung eines Körpers unter dem Einfluß der Trägheit und der Schwere umfaßt und die Relativität aller Bewegungen zum Ausdruck bringt. Diese Forderungen erfüllt die *Einstein*sche Gravitationstheorie und allgemeine Relativitätstheorie vollkommen. Das Opfer, welches wir dabei bringen müssen, ist die allerdings fest eingewurzelte Hypothese, daß sich alle physikalischen Vorgänge in einem Raume abspielen, dessen Maßverhältnisse (Geometrie) uns, unabhängig von aller physikalischen Erkenntnis, a priori vorgegeben sind. Wie wir im folgenden Abschnitt sehen werden, führt die allgemeine Relativitätstheorie vielmehr zu der Anschauung hin, daß wir die metrischen Verhältnisse in der Umgebung der Körper als durch ihre Gravitation bedingt auffassen können. Dadurch wird die Geometrie (des messenden Physikers) mit den übrigen Zweigen der Physik aufs innigste verschmolzen.

Fassen wir darum zusammen, was wir aus den zwei zu Anfang formulierten prinzipiellen Forderungen bisher erschlossen haben, so können wir sagen: Die Forderung der allgemeinen Relativität verlangt die völlige Unabhängigkeit der Grundgesetze von der speziellen Wahl des Bezugssystems. Da das euklidische Linienelement seine Gestalt nicht bei einem beliebigen Übergang von einem Bezugssystem zu einem anderen bewahrt, so hat an seine Stelle das allgemeine Linienelement:

$$ds^2 = \sum_{1}^{4} g_{\mu\nu}\, dx_\mu\, dx_\nu$$

zu treten. Während (s. S. 26) die Forderung der Kontinuität es nur ratsam erscheinen läßt, nicht die beschränkenden Voraussetzungen der euklidischen Maßbestimmung einzuführen, läßt uns das Prinzip der allgemeinen Relativität keine Wahl mehr.

Die Betonung dieses Prinzips wie überhaupt der Forderung, daß nur beobachtbare Größen in den Naturgesetzen vorkommen sollen, entspringt nicht etwa nur einem formalen Bedürfnis, sondern dem Bestreben, dem Kausalitätsprinzip wirklich die Bedeutung eines für die Erfahrungswelt gültigen Gesetzes zu verleihen. Die Forderung der Relativität aller Bewegungen ist aus diesem erkenntnistheoretischen Bedürfnis heraus zu bewerten[22]). Man muß nach Möglichkeit danach streben, in die Naturgesetze neben beobachtbaren Größen nicht solche einzuführen, die fiktiver Natur sind, wie z. B. der „Raum" der *Newton*schen Mechanik. Sonst sagt das Kausalitätsprinzip nichts wirklich über Ursachen und Wirkungen der reinen Erfahrung aus, was doch das Ziel jeder Naturbeschreibung sein muß.

5

Die Einsteinsche Gravitationstheorie.

a) Das Grundgesetz der Bewegung und das Äquivalenzprinzip der neuen Theorie.

Nach den vorangehenden Darlegungen werden wir an die kurze Darstellung der *Einstein*schen Gravitationstheorie gehen können. Im Rahmen der hier vorausgesetzten mathematischen Kenntnisse wird es natürlich nur möglich sein, die Grundzüge der neuen Theorie soweit aufzuzeichnen, daß die für sie charakteristischen Annahmen und Ansätze klar hervortreten, und deren Beziehung zu den zwei prinzipiellen Forderungen des zweiten Abschnitts offenbar wird. Wir gehen von dem Grundgesetz der Bewegung in der klassischen Mechanik, dem Trägheitsgesetz, aus. Da schon im Trägheitsgesetz alle Schwächen der alten Theorie zutage treten, so ist ein neues Grundgesetz der Bewegung ein unbedingtes Erfordernis für die neue Mechanik. Es liegt also nahe, von dieser Seite aus, den Aufbau der neuen Theorie zu beginnen. Das neue Bewegungsgesetz muß ein Differentialgesetz sein, das erstens die Bewegung eines Massenpunktes unter dem Einfluß von Trägheit und Schwere beschreibt, und das zweitens, auf was für ein Koordinatensystem man es auch bezieht, stets dieselbe Gestalt behält, so daß kein Bezugssystem vor einem anderen den Vorzug hat. Die erste Bedingung entspringt der Notwendigkeit, bei der neuen Grundlegung der Mechanik den Schwereerscheinungen die gleiche Bedeutung wie den Trägheitserscheinungen zuzuerteilen — das Gesetz muß daher auch Glieder enthalten, die den Gravitationszustand des Feldes von Punkt zu Punkt kennzeichnen; die zweite Bedingung entspringt dem Postulate der allgemeinen Relativität der Bewegungen.

Ein diesen Forderungen genügendes Gesetz steckte in der Bewegungsgleichung eines einzelnen, äußeren Einflüssen nicht unterworfenen Punktes nach der speziellen Relativitätstheorie. Dieses Gesetz sagte aus, daß die Bahn des Punktes die „kürzeste" oder „geradeste" Linie[23]) sei — also „die gerade Linie", wenn das Linienelement ds der Bahn das euklidische ist. Als Variationsgleichung geschrieben lautet dieses Gesetz:

$$\delta\left\{\int \mathrm{d}s\right\} = \delta\left\{\int \sqrt{-\,\mathrm{d}x^2 - \mathrm{d}y^2 - \mathrm{d}z^2 + c^2\,\mathrm{d}t^2}\right\} = 0.$$

Will man dieses Prinzip der geradesten Bahn, der die wahre Bewegung folgen soll, zum allgemeinen Differentialgesetz für die Bewegung auch im Gravitationsfelde erheben, unter Berücksichtigung des Prinzips der Relativität aller Bewegungen, so muß man als neues Grundgesetz ansetzen:

$$\delta\left\{\int \mathrm{d}s\right\} = \delta\left\{\int \sqrt{g_{11}\,\mathrm{d}x_1^2 + g_{12}\,\mathrm{d}x_1\,\mathrm{d}x_2 + \cdots + g_{44}\,\mathrm{d}x_4^2}\right\} = 0. \quad (1)$$

Denn nur diese Gestalt des Linienelementes bleibt bei beliebigen Transformationen der $x_1 .. x_4$ unverändert (invariant). Als etwas wesentlich Neues treten dabei die vorerst unerklärten Faktoren $g_{11} \ldots g_{44}$ auf. Die außerordentlich fruchtbare Idee von *Einstein* war nun folgende: Da das neue Gesetz für beliebige Bewegungen gelten soll, also auch für beschleunigte, wie wir sie in allen Gravitationsfeldern wahrnehmen, so muß man für das Auftreten dieser 10 Faktoren $g_{\mu\nu}$ eben das Gravitationsfeld verantwortlich machen, in dem die beobachtete Bewegung sich abspielt. Die 10 Koeffizienten $g_{\mu\nu}$, die im allgemeinen Funktionen der Veränderlichen $x_1 .. x_4$ sein werden, müssen also, falls das neue Grundgesetz brauchbar sein soll, zu dem Gravitationsfelde, in dem die Bewegung vor sich geht, in eine solche Beziehung gesetzt werden können, daß sie durch das Feld bestimmt sind, und die durch die Gleichung (1) beschriebene Bewegung mit der beobachteten übereinstimmt. Dies ist in der Tat möglich. Die $g_{\mu\nu}$ sind die Gravitationspotentiale der neuen Theorie, d. h. sie übernehmen die Rolle, welche in der *Newton*schen Theorie das eine Gravitationspotential spielt, ohne daß sie aber die speziellen Eigenschaften hätten, die nach unserer bisherigen Auffassung des Begriffes ein Potential besitzt.

Entsprechend den Maßverhältnissen einer auf das Linien-element

$$\mathrm{d}\, s^2 = \sum_{1}^{4} g_{\mu\nu}\, \mathrm{d}x_{\mu}\, \mathrm{d}x_{\nu}$$

gegründeten Raum-Zeit-Mannigfaltigkeit, die man jetzt der Mechanik wegen der Relativität aller Bewegungen zugrunde legt, muß man auch die übrigen physikalischen Gesetze so formulieren, daß sie von der zufälligen Wahl der Veränderlichen unabhängig sind. Bevor wir jedoch hierauf eingehen, betrachten wir die charakteristischen Merkmale der durch die Gleichung (1) gekennzeichneten Gravitationstheorie eingehender.

Die Auffassung der neuen Theorie, daß die Gesetze der Mechanik nur Aussagen über Relativbewegungen der Körper enthalten sollen, und daß im besonderen die Bewegung eines Körpers im Gravitationsfelde der übrigen Körper durch die Formel

$$\delta\left\{\int \sqrt{\sum_{1}^{4} g_{\mu\nu}\, \mathrm{d}x_{\mu}\, \mathrm{d}x_{\nu}}\right\} = 0$$

beschrieben werde, setzt die Gültigkeit einer physikalischen Hypothese über das Wesen der Gravitationserscheinungen voraus, die *Einstein* die Äquivalenzhypothese oder das Äquivalenzprinzip[24]) nennt. Dasselbe behauptet folgendes: Eine etwaige Veränderung, die ein Beobachter im Ablauf eines Vorganges als Wirkung eines Gravitationsfeldes wahrnimmt, würde er genau so wahrnehmen, wenn das Gravitations-feld nicht vorhanden wäre, er — der Beobachter — aber sein Bezugssystem in die für die Schwere an seinem Beobachtungsorte charakteristische Beschleunigung versetzte. Unterwirft man nämlich die Veränderlichen x, y, z, t in der Bewegungsgleichung für den geradlinig gleichförmig (also unbeeinflußt von der Gravitation) bewegten Massenpunkt

$$\delta\left\{\int \mathrm{d}s\right\} = \delta\left\{\int \sqrt{-\,\mathrm{d}x^2 - \mathrm{d}y^2 - \mathrm{d}z^2 + c^2\,\mathrm{d}t^2}\right\} = 0$$

irgendeiner Transformation, d. h. führt man die Koordinaten des Ausgangssystems durch irgendeine Transformation in die Koordinaten $x_1 \ldots x_4$ eines irgendwie dazu beschleunigten Bezugssystems über, so treten in dem transformierten Ausdruck für ds im allgemeinen Koeffizienten $g_{\mu\nu}$ auf, welche Funktionen der neuen Veränderlichen $x_1 \ldots x_4$ sind, so daß die transformierte Gleichung lautet:

$$\delta\left\{\int \sqrt{g_{11}\,\mathrm{d}x_1{}^2 + g_{12}\,\mathrm{d}x_1\,\mathrm{d}x_2 + \cdots\cdots + g_{44}\,\mathrm{d}x_4{}^2}\right\} = 0.$$

Nach der Äquivalenzhypothese soll man nun (im Hinblick auf den erweiterten Geltungsbereich der obigen Gleichung) die durch die Beschleunigungstransformation[25]) erzeugten Funktionen $g_{\mu\nu}$ ebensogut als die Wirkung eines Gravitationsfeldes auffassen können, das sein Dasein eben in den entsprechenden Beschleunigungen kundtäte. Die Gravitationsprobleme gehen so in die allgemeine Bewegungslehre einer Relativitätstheorie aller Bewegungen auf.

Die Betonung der Äquivalenz von Gravitations- und Beschleunigungsvorgängen erhebt die fundamentale Tatsache, daß alle Körper im Gravitationsfelde der Erde gleich beschleunigt fallen, zu einer grundlegenden Voraussetzung einer Theorie der Gravitationserscheinungen. Diese Tatsache hatte, obwohl sie zu den sichersten unserer Erfahrung zählt, in den Grundlagen der Mechanik bisher überhaupt keinen Platz gefunden. Vielmehr rückte mit dem *Galilei*schen Trägheitsgesetz ein niemals beobachteter Vorgang (die gleichförmige geradlinige Bewegung eines Körpers, der keinen äußeren Kräften unterliegt) an die erste Stelle unter den Grundgesetzen der Mechanik. Und es wurde die wunderliche Auffassung geschaffen, als wenn die Trägheits-erscheinungen und die Schwereerscheinungen, die wahr-scheinlich nicht minder eng miteinander verknüpft sind als die elektrischen und die magnetischen, nichts mitein-ander zu tun hätten. Die Erscheinung der Trägheit wird von der klassischen Mechanik als Grundeigenschaft der Materie an die Spitze gestellt, die Schwerkraft dagegen gleichsam nur als eine der vielen möglichen Kräfte der Natur durch das *Newton*sche Gesetz eingeführt. Die er-staunliche Tatsache der Gleichheit der trägen und der schweren Masse der Körper erscheint in ihr nur als zu-fällig.

Das *Einstein*sche Äquivalenzprinzip weist dieser Tat-sache den Platz an, der ihr in der Theorie der Bewegungs-erscheinungen gebührt. Das neue Bewegungsgesetz (I) soll die Relativbewegungen der Körper gegeneinander unter dem Einfluß ihrer Trägheit und Schwere beschreiben. Die Trägheits- und die Gravitationserscheinungen werden durch das eine Prinzip der Bewegung in der geodätischen Linie ($\delta \int \mathrm{d}s = 0$) zusammengeschweißt. Da das Bogenelement

$$\mathrm{d}s = \sqrt{\sum_{1}^{4} g_{\mu\nu}\, \mathrm{d}x_{\mu}\, \mathrm{d}x_{\nu}}$$

bei beliebiger Transformation der Veränderlichen seine Gestalt bewahrt, so sind alle Bezugssysteme gleichbe-rechtigt, d. h. keines ist vor einem anderen ausgezeichnet.

Der wichtigste Teil der Aufgabe, vor die sich *Einstein* gestellt sah, war die Aufstellung der Differentialgleichungen für die $g_{\mu\nu}$, die Gravitationspotentiale der neuen Theorie.

Mit Hilfe dieser Differentialgleichungen galt es, die $g_{\mu\nu}$ aus der Verteilung der das Gravitationsfeld erregenden Größen eindeutig zu berechnen; und die mit diesen $g_{\mu\nu}$ auf Grund der Gleichung (1) beschriebene Bewegung (z. B. die Planetenbewegung) mußte, wenn die Theorie zutreffen sollte, mit der beobachteten übereinstimmen.

Einstein macht sich bei der Aufstellung der Differentialgleichungen für die Gravitationspotentiale $g_{\mu\nu}$ die aus der *Newton*schen Theorie gewonnenen Erfahrungen zunutze. Nach der *Poisson*schen Gleichung $\triangle\varphi = -4\pi\cdot\varrho$ für das *Newton*sche Gravitationspotential ist der feld-erregende Faktor (in der *Poisson*schen Gleichung die Massendichte ϱ) einem Differentialausdruck zweiter Ordnung des Potentials proportional. Sollen die neuen Differentialgleichungen eine der *Poisson*schen Gleichung ähnliche Gestalt besitzen, so ist der Weg zu den Differentialgleichungen für die $g_{\mu\nu}$ so gut wie vorgeschrieben.

Entsprechend unserer vertieften Auffassung von der Beziehung der Trägheit und der Schwere zueinander und von der Beziehung der Trägheit zu dem Energieinhalte der Körper treten als felderregende Größen statt der Massendichte ϱ der *Poisson*schen Gleichung die zehn Komponenten derjenigen Größe auf, die für den energetischen Zustand an jeder Stelle des Feldes maßgebend ist, und die schon in der speziellen Relativitätstheorie als der „Spannungs-Energie-Tensor" eingeführt wird.

Was die Differentialausdrücke zweiter Ordnung in den $g_{\mu\nu}$ betrifft, die dem $\triangle\varphi$ der *Poisson*schen Gleichung entsprechen sollen, so hat *Riemann* folgendes gezeigt: Für die Maßverhältnisse einer auf das Linienelement

$$\mathrm{d}s^2 = \sum_{1}^{4} g_{\mu\nu}\,\mathrm{d}x_\mu\,\mathrm{d}x_\nu$$

gegründeten Mannigfaltigkeit ist ein von der zufälligen Wahl der Veränderlichen $x_1 \ldots x_4$ unabhängiger Differentialausdruck vierter Ordnung (der *Riemann-Christoffel*sche Tensor) maßgebend, aus welchem alle weiteren, von der zufälligen Wahl der Veränderlichen $x_1 \ldots x_4$ unabhängigen und nur die $g_{\mu\nu}$ und ihre Ableitungen enthaltenden Differentialausdrücke (durch algebraische und differentielle Operationen) entwickelt werden können. Dieser Differentialausdruck führt eindeutig auf zehn Differentialausdrücke **zweiter** Ordnung in den $g_{\mu\nu}$. Und diese zehn Differentialausdrücke setzt nun *Einstein* den zehn Komponenten des Spannungs-Energie-Tensors als felderregenden Größen proportional, um die gesuchten Differentialgleichungen zu bekommen; als Proportionalitätsfaktor setzt er die Gravitationskonstante ein. Diese Differentialgleichungen für die $g_{\mu\nu}$ zusammen mit dem oben angegebenen Bewegungsprinzip stellen die Grundgesetze der neuen Theorie dar. Sie führen in der Tat in erster Ordnung auf diejenigen Bewegungsformen, welche uns von der *Newton*schen Theorie her bekannt sind[26]). Darüber hinausgehend liefern sie aber auch ohne weitere Zusatzhypothese die einzige in der Planetentheorie aus dem *Newton*schen Gesetze nicht erklärbare Erscheinung, nämlich das Restglied in der Perihelbewegung des Merkur. Diese Erfolge zeigen, daß man mit den Ansätzen zu den Differentialgleichungen für die $g_{\mu\nu}$ anscheinend auf dem richtigen Wege ist. Doch muß man sich dessen bewußt bleiben, daß in diesen Ansätzen genau so wie in dem Ansatz für das Grundgesetz der Bewegung eine gewisse Willkür steckt. Erst der sorgfältige Ausbau der neuen Theorie mit allen ihren Folgerungen und ihre Prüfung an der Erfahrung wird erweisen, ob die neuen Grundgesetze ihre endgültige Form gefunden haben.

Da sich die Formeln der neuen Theorie auf eine Raum-Zeit-Mannigfaltigkeit gründen, deren Linienelement die allgemeine Gestalt

$$ds = \sqrt{\sum_{1}^{4} g_{\mu\nu}\, dx_{\mu}\, dx_{\nu}}$$

hat, so müssen (s. S. 45) zum Abschluß der allgemeinen Relativitätstheorie auch alle übrigen physikalischen Gesetze den neuen Maßverhältnissen entsprechend eine von der zufälligen Wahl der vier Veränderlichen $x_1 \ldots x_4$ unabhängige Gestalt erhalten.

Für die Lösung dieser Aufgabe hat die Mathematik in dem absoluten Differentialkalkül schon die Vorarbeit geleistet; *Einstein* hat sie für seine besonderen Zwecke ausgebaut*). *Gauß* hat den absoluten Differentialkalkül geschaffen, um in der Flächentheorie solche Eigenschaften einer Fläche zu studieren, welche von der Lage der Fläche im Raum und von unelastischen Verbiegungen derselben (Verbiegungen ohne Zerrung) nicht berührt werden, so daß sich der Wert des Linienelementes an keiner Stelle der Fläche ändert. Da solche Eigenschaften nur von den i n n e r e n Maßverhältnissen der Fläche abhängen, vermeidet man in der Flächentheorie die Beziehung auf das übliche Koordinatensystem, d. h. die Beziehung auf Punkte, die nicht in der Fläche selber liegen. Man legt vielmehr jeden Punkt der Fläche in der Weise fest, daß man dieselbe mit zwei beliebigen Kurvenscharen netzartig überdeckt, in welchen jede Kurve durch einen Parameter charakterisiert ist; jeder Punkt der Fläche ist dann durch die zwei Parameter der beiden Kurven, die

---

*) In seiner Abhandlung „Über die formalen Grundlagen der allgemeinen Relativitätstheorie", Sitz.-Ber. d. Kgl. Preuß. Akad. d. Wiss. XLI, 1916, S. 1080.

durch ihn hindurchgehen, eindeutig bestimmt. Bei dieser Auffassung der Flächen sind z. B. ein Zylindermantel und eine Ebene nicht als verschiedenartige Gebilde zu betrachten, denn beide können ohne Dehnung aufeinander abgewickelt werden, und auf beiden gilt demgemäß die gleiche Planimetrie — ein Kriterium dafür, daß die inneren Maßverhältnisse auf diesen beiden Mannigfaltigkeiten die gleichen sind[27]). Auf die nämliche Auffassung, aber jetzt nicht der zweidimensionalen Mannigfaltigkeit der Flächen, sondern der vierdimensionalen Raum - Zeit - Mannigfaltigkeit, gründet sich die allgemeine Relativitätstheorie. Da die vier Raum-Zeit-Veränderlichen $x_1 \ldots x_4$, jeder physikalischen Bedeutung bar, nur als vier Parameter aufzufassen sind, wird man naturgemäß eine Darstellung für die Naturgesetze wählen, welche von der zufälligen Wahl der $x_1 \ldots x_4$ unabhängige Differentialgesetze liefert. Das leistet der absolute Differentialkalkül.

Als Ergebnis der vorangehenden Absätze, deren ganze Tragweite man freilich nur bei einem eindringenden Studium der erforderlichen mathematischen Entwicklungen erkennt, läßt sich zusammenfassend folgendes sagen:

Eine Mechanik der Relativbewegungen der Körper, die im Einklang mit den zwei prinzipiellen Forderungen der Kontinuität und der Relativität steht, kann sich nur auf ein Grundgesetz der Bewegung aufbauen, das seine Gestalt bewahrt unabhängig davon, in welcher Art das Bezugssystem bewegt ist. Ein brauchbares Gesetz dieser Art bietet sich, wenn man das Gesetz der Bewegung längs einer geodätischen Linie, das in der speziellen Relativitätstheorie nur für den kräftefrei bewegten Punkt galt, zum allgemeinen Differentialgesetz der Bewegung auch im Gravitationsfelde erhebt. Allerdings muß man in diesem allgemeinen Gesetz dem Linien-

4*

element der Bahn des bewegten Körpers die allgemeine Gestalt geben:

$$\mathrm{d}s = \sqrt{\sum_1^4 g_{\mu\nu}\, \mathrm{d}x_\mu\, \mathrm{d}x_\nu}$$

zu der wir im zweiten Abschnitt auf Grund der zwei prinzipiellen Forderungen gelangt waren. Die neu auftretenden
Funktionen $g_{\mu\nu}$ lassen sich als die Potentiale des Gravitationsfeldes interpretieren, wenn man sich auf den Boden
der Äquivalenzhypothese (S. 45) stellt. Zur Berechnung
der Größen $g_{\mu\nu}$ aus den das Gravitationsfeld bestimmenden
Faktoren, also Materie und Energie, bietet sich als nahe-
liegender Ansatz ein System von Differentialgleichungen
zweiter Ordnung, die der *Poisson*schen Differentialgleichung
für das *Newton*sche Gravitationspotential analog gebaut
sind. Diese Differentialgleichungen zusammen mit dem
Grundgesetz der Bewegung stellen die Grundgleichungen
der neuen Mechanik und Gravitationstheorie dar.

Da die neue Theorie mit allgemeinen krummlinigen
Koordinaten x_1, x_2, x_3, x_4 rechnet und nicht mit kartesischen
Koordinaten der euklidischen Geometrie, so müssen auch
alle übrigen Naturgesetze eine allgemeine Form erhalten,
die von der speziellen Wahl der Koordinaten unabhängig
ist. Die mathematischen Hilfsmittel zu dieser Neugestaltung
der Formeln bietet der allgemeine Differentialkalkül.

Diese auf den allgemeinsten Voraussetzungen aufgebaute
Theorie führt in erster Ordnung auf die *Newton*schen Be-
wegungsgesetze zurück. Da, wo sich Abweichungen von der
bisherigen Theorie offenbaren, liegen die Möglichkeiten zur
experimentellen Prüfung der neuen Theorie vor. Bevor
wir uns dieser Frage zuwenden, wollen wir zurückschauen
und uns darüber klar werden, zu welcher Stellungnahme

uns die allgemeine Relativitätstheorie gegenüber den verschiedenen prinzipiellen Fragen, die im Laufe dieser Abhandlung berührt worden sind, zwingt.

b) Rückblick.

1. Die Begriffe „träge" und „schwere" Masse haben nicht mehr die absolute Bedeutung wie in der *Newton*schen Mechanik. Die „Trägheit" eines Körpers entspringt der Wechselwirkung desselben mit den übrigen Körpern des Weltalls. Die Gleichheit von träger und schwerer Masse tritt als streng gültiges Prinzip an die Spitze der Theorie. Die Äquivalenzhypothese ergänzt dabei die Folgerung der speziellen Relativitätstheorie, daß jede Energie Trägheit besitzt, indem sie jeder Energie auch eine entsprechende Schwere zuspricht. Es wird möglich — allerdings unter weiteren besonderen Annahmen, auf die wir hier nicht eingehen können — auch die Rotationen als Relativbewegungen aufzufassen, so daß das Zentrifugalfeld auf einem rotierenden Körper als Gravitationsfeld gedeutet werden kann, erzeugt durch die Drehung aller Massen des Weltalls um den betreffenden nicht rotierenden Körper. Die Mechanik wird so zu einer ganz allgemeinen Theorie der Relativbewegungen der Körper. — Da unsere Aussagen nur an Beobachtungen von Relativbewegungen anknüpfen, so genügt die neue Mechanik im weiteren Sinne der Forderung, daß in den Naturgesetzen nur beobachtbare Dinge kausal verknüpft werden dürfen. Sie erfüllt auch die Forderung der Kontinuität, da die neuen Grundgesetze der Mechanik Differentialgesetze sind, die nur das Linienelement ds und keine endlichen Körperabstände enthalten.

2. Das Prinzip der Konstanz der Vakuumlichtgeschwindigkeit, das in der speziellen Relativitätstheorie eine besondere

Bedeutung hatte, verliert in der allgemeinen Relativitätstheorie seine allgemeine Gültigkeit. Es behält seine Gültigkeit nur in Gebieten mit konstanten Gravitationspotentialen,
wie wir solche in endlicher Ausdehnung in der Wirklichkeit
niemals beobachten können. Das Gravitationsfeld auf der
Erdoberfläche ist allerdings soweit konstant, daß die Lichtgeschwindigkeit innerhalb der Genauigkeit unserer Messungen
aus dem *Michelson*schen Versuch als eine von der Richtung unabhängige Konstante herauskommen mußte. In
einem Gravitationsfelde mit von Ort zu Ort veränderlichen
Gravitationspotentialen $g_{\mu\nu}$ ist jedoch die Lichtgeschwindigkeit nicht konstant; die Bahnen, in denen sich das Licht
ausbreitet, werden also im allgemeinen gekrümmt sein. Der
Nachweis der Krümmung eines an der Sonne vorbeigehenden
Lichtstrahles ist eine der wichtigsten Prüfungsmöglichkeiten
der neuen Theorie.

3. Am stärksten hat die allgemeine Relativitätstheorie
unsere Auffassung von Raum und Zeit umgewandelt*).
Nach *Riemann* bestimmt der Ausdruck für das Linienelement:

$$\mathrm{d}s^2 = \sum_{1}^{4} g_{\mu\nu}\,\mathrm{d}x_\mu\,\mathrm{d}x_\nu$$

die Maßverhältnisse der kontinuierlichen Raum-Zeit-Mannigfaltigkeit, und nach *Einstein* haben die Koeffizienten $g_{\mu\nu}$
des Linienelementes *ds* in der allgemeinen Relativitätstheorie die Bedeutung von Gravitationspotentialen.
Größen, welche bisher rein geometrische Bedeutung
gehabt haben, werden dadurch zum ersten Male physikalisch belebt. Daß dabei der Gravitation die funda-

---

*) Diese Seite des Problems behandelt besonders klar
und ausführlich das Buch von Moritz Schlick „Raum und Zeit
in der gegenwärtigen Physik" (Verlag von Julius Springer).

mentale, die Maßgesetze in Raum und Zeit beherrschende Rolle zufällt, erscheint durchaus natürlich. Ist doch kein physikalischer Vorgang von ihrer Mitwirkung frei, da sie überall herrscht, wo Materie und Energie im Spiele sind. Sie ist überdies nach unserer bisherigen Kenntnis die einzige Kraft, die sich ganz und gar unabhängig von der physikalischen und chemischen Beschaffenheit der Körper äußert. Sie hat also zweifellos eine einzigartige Bedeutung für das physikalische Weltbild.

Nach der *Einstein*schen Theorie ist also die Gravitation „der innere Grund der Maßverhältnisse von Raum und Zeit" in *Remanns* Sinne (s. den S. 28 zitierten Schlußabsatz der *Riemann*schen Arbeit „Über die Hypothesen, welche der Geometrie zugrunde liegen"). Halten wir fest an der Anschauung des stetigen Zusammenhangs der Raum-Zeit-Mannigfaltigkeit, so sind deren Maßverhältnisse nicht schon in ihrer Definition als einer stetigen Mannigfaltigkeit der Dimension „vier" enthalten. Wir müssen diese vielmehr erst aus der Erfahrung gewinnen. Und es ist, nach *Riemann*, Aufgabe der Physik, den inneren Grund dieser Maßverhältnisse eventuell in „darauf wirkenden bindenden Kräften" suchen. Für dieses wohl zuerst von *Riemann* so klar hingestellte Problem hat *Einstein* in seiner Gravitationstheorie eine Lösung gefunden. Zugleich gibt er eine Antwort auf die Frage nach der wahren Geometrie des physikalischen Raumes, die seit einem Jahrhundert nicht mehr verstummt ist, — allerdings eine Antwort ganz anderer Art, als man erwartet hatte.

Die Alternative: euklidische oder nichteuklidische Geometrie wird nicht zugunsten einer der beiden entschieden, vielmehr wird der Raum als ein physikalisches Ding mit gegebenen geometrischen Eigenschaften aus den physikalischen Gesetzen überhaupt ausgeschieden, wie der Äther durch die *Lorentz-Einstein*sche spezielle Relativitätstheorie aus den Gesetzen der Elektrodynamik ausgeschieden wurde. Auch dies ist ein Schritt weiter im Sinne der Forderung, daß nur Beobachtbares in den Naturgesetzen Platz finden soll. Die Maßverhältnisse der Raum-Zeit-Mannigfaltigkeit, in der sich alle physikalischen Vorgänge abspielen, haben nach *Einsteins* Auffassung ihren inneren Grund in den Gravitationszuständen. Bei der ständigen Bewegung der Körper gegeneinander wechseln diese Gravitationszustände ständig, und darum kann man auch nicht von einer unveränderlich vorgegebenen Maßgeometrie, von konstantem Krümmungsmaß — gleichviel ob euklidischen oder nichteuklidischen — sprechen. Da die Naturgesetze in der allgemeinen Relativitätstheorie ihre Gestalt unabhängig von der zufälligen Wahl der vier Veränderlichen $x_1 \ldots x_4$ bewahren, haben diese auch keine selbständige physikalische Bedeutung. Daher werden z. B. x_1, x_2, x_3 nicht im allgemeinen drei Raumstrecken bezeichnen, die man mit einem Meterstabe ausmessen könnte, und x_4 dann einen durch eine Uhr ermittelbaren Zeitpunkt. Die vier Veränderlichen haben nur den Charakter von vier Zahlen. Parametern, und gestatten nicht ohne weiteres eine gegenständliche Deutung. Raum und Zeit haben für die Beschreibung der Naturvorgänge also nicht die Bedeutung von realen physikalischen Dingen.

Und doch scheint es so, als vermöchte die neue Theorie sogar eine bestimmte Antwort auf die obige Alternative zu geben, wenn man nämlich ihre Gültigkeit für die Welt als Ganzes postuliert. Die Anwendung der Formeln der neuen Theorie auf die Welt als Ganzes führte anfangs auf die gleichen Schwierigkeiten, die sich auch in der klassischen Mechanik offenbart hatten. Grenzbedingungen für das Un endlichferne, die mit der Forderung der allgemeinen Relativität im Einklang waren, ließen sich nicht vollauf befriedigend aufstellen. Doch gelang es *Einstein**), die Differentialgleichungen für die Gravitationspotentiale $g_{\mu\nu}$ in solcher Weise zu erweitern, daß eine Anwendung seiner Gravitationstheorie auf das Universum möglich wurde. Dabei verschwinden die Schwierigkeiten, die sich für die Grenzbedingungen im Unendlichfernen erhoben, aus einem außerordentlich interessanten Grunde. Es zeigt sich nämlich, daß bei diesen neuen Formeln ein mit ruhender Materie gleichmäßig erfüllter Raum sich in erster Näherung wie ein zwar unbegrenzter aber endlicher geschlossener Raum, aufbauen würde, so daß also Grenzbedingungen für das Unendlichferne gar nicht auftreten. Wenn auch die Voraussetzungen, die zu diesem Resultat führen, im Universum nicht erfüllt sein werden, so ist immerhin zu bedenken, daß die Geschwindigkeiten der Materie, die wir bei den Sternen feststellen, gegenüber der Lichtgeschwindigkeit, die jetzt als Einheit figuriert, außerordentlich klein sind. Auch die Verteilung der Materie im großen zeigt bisher keine so ungewöhnlichen Ungleichmäßigkeiten, daß die *Einstein*sche Auffassung einer stationären, gleichmäßig erfüllten Welt so völlig von der Wahrheit abläge. Diese Folgerung der Theorie würde also die obige Alternative in dem Sinne beantworten: die Geometrie, die wir den räumlichen Geschehnissen zugrunde zu legen haben, ist zwar weder euklidisch noch nichteuklidisch, sondern, wie oben ausgeführt wurde, durch die Gravitationszustände von Ort zu Ort bedingt. Aber eine nach dem einfachsten Schema auf-

---

*) Kosmologische Betrachtungen zur allgemeinen Relativitätstheorie. Sitz.-Ber. d. Preuß. Akad. der Wiss. 1917, p. 142.

gebaute Welt würde in der neuen Theorie sich im großen wie eine endliche geschlossene Mannigfaltigkeit, also nicht-euklidisch verhalten. Wenn auch dieses Resultat vorerst nur von theoretischer Bedeutung ist, da das Sternsystem, das wir um uns sehen, die *Einstein*schen Voraussetzungen nicht erfüllt — insbesondere ist die wohl unzweifelhafte Abflachung der Milchstraße nicht mit den einfachen Annahmen verträglich — und da wir über die Sternsysteme außerhalb der Milchstraße noch keine Kenntnisse besitzen, so eröffnet doch diese Seite der Theorie ungeahnte Perspektiven für unsere Erfassung der Welt als Ganzes.

4. Zum Unterschiede von der *Newton*schen Theorie baut sich die aus der allgemeinen Relativitätstheorie folgende Gravitationstheorie nicht auf ein Elementargesetz der Gravitationskraft auf, sondern auf ein Elementargesetz der Bewegung eines Körpers im Gravitationsfelde. Infolgedessen spielen diejenigen Ausdrücke, welche in der neuen Theorie als die Gravitationskräfte zu deuten wären, nur eine untergeordnete Rolle beim Aufbau der Theorie (wie überhaupt der Kraftbegriff in der Mechanik nur als ein Hilfsbegriff zu verstehen ist, wenn man die lückenlose „Beschreibung" der Bewegungsvorgänge als die Aufgabe der Mechanik betrachtet).

Die *Einstein*sche Theorie versucht auch nicht das Wesen der Gravitation zu erklären; sie sucht nicht nach einem mechanischen Modell, das die Gravitationswirkung zweier Massen aufeinander versinnbildlicht. Das ist das Bestreben der verschiedenen Ätherstoßtheorien gewesen unter ausgiebiger Verwendung hypothetischer und nie beobachteter Größen, wie der Ätheratome. Es ist höchst zweifelhaft, ob solche Bestrebungen je zu einer befriedigenden Gravitationstheorie führen würden. Denn die Schwierigkeiten der *Newton*schen Mechanik liegen nicht lediglich darin, daß sie das Gravitationsgesetz als ein Fernwirkungsgesetz formuliert. Viel wesentlicher ist, daß die enge Beziehung zwischen den Trägheits- und den Schwereerscheinungen überhaupt nicht zur Geltung kommt, obwohl schon *Newton* die Tatsache der Gleichheit von schwerer und träger Masse kannte, und daß die *Newton*sche Mechanik keine Theorie der Relativbewegungen der Körper darstellt, obwohl wir nur Relativbewegungen der Körper gegeneinander beobachten. Eine Umgestaltung des *Newton*schen Gesetzes der Gravitationskraft, um die Massenanziehung plausibel zu machen, würde uns darum noch nicht zu einer befriedigenden Theorie der Bewegungserscheinungen verholfen haben[28]).

Was die *Newton*sche Theorie auszeichnet, ist die außerordentliche Einfachheit ihrer mathematischen Formulierung. Darum wird auch die klassische Mechanik, die sich auf *Newtons* Ansätze aufbaut, als ausgezeichnete mathematische Theorie zur rechnerischen Verfolgung der beobachteten Bewegungsvorgänge ihre Bedeutung niemals einbüßen.

Die *Einstein*sche Theorie andererseits genügt hinsichtlich der Einheitlichkeit ihrer begrifflichen Grundlagen allen Anforderungen, die man an eine naturwissenschaftliche Theorie stellen wird. Daß sie (mit dem Verlassen der euklidischen Maßbestimmung) die geläufige Darstellung in Cartesischen Koordinaten verläßt, wird man nicht störend empfinden, sobald sich die von ihr herangezogenen Hilfsmittel der Analysis allgemeinen Eingang verschafft haben werden. Mit diesem mathematischen Ausbau der Theorie eröffnet sich zugleich als wichtige Aufgabe der Astronomie, die Theorie an denjenigen Erscheinungen experimentell zu prüfen, bei denen sich meßbare Abweichungen von der klassischen ergeben.

6.

Die Prüfung der neuen Theorie durch die Erfahrung.

Bisher liegen drei Möglichkeiten zur experimentellen Prüfung der *Einstein*schen Gravitationstheorie vor; alle drei sind nur durch die Mitarbeit der Astronomie zu verwirklichen. Die eine von ihnen — sie entspringt einer Abweichung der durch das *Einstein*sche Gesetz verlangten Bewegung eines Massenpunktes im Gravitationsfelde von der durch das *Newton*sche verlangten — hat schon für die neue Theorie entschieden; nicht minder die eine der beiden anderen, die durch die Verknüpfung elektromagnetischer Vorgänge mit der Gravitation entstehen.

Da die Sonne alle anderen Körper im Sonnensystem an Masse weit überragt, so ist die Bewegung eines jeden Planeten vor allem durch das Gravitationsfeld der Sonne bedingt. Unter seiner Wirkung beschreibt der Planet nach der *Newton*schen Theorie eine *Kepler*sche Ellipse, deren große Achse, die den sonnennächsten (Perihel) und den sonnenfernsten (Aphel) Punkt der Bahn verbindet, relativ zum Fixsternsystem ruht. Über diese *Kepler*sche Bewegung eines Planeten lagern sich nun die mehr oder minder großen, aber die Form der Ellipse nicht wesentlich ändernden Einflüsse (Störungen) der übrigen Planeten; diese Einflüsse erzeugen teils nur periodische Schwankungen der Elemente der Ausgangsellipse (große Achse, Exzentrizität usw.), teils eine stetige Zu- oder Abnahme derselben. Unter die letzte Art von „Störungen" gehört auch die bei allen Planeten beobachtete langsame Drehung ihrer großen Achsen, und dadurch im Laufe der Zeit auch ihrer Perihele, relativ zum Fixsternsystem. Bei allen größeren Planeten stimmen die beobachteten Perihelbewegungen (bis auf kleine, noch nicht sichergestellte Abweichungen, z. B. beim Mars) mit den aus der Störungsrechnung folgenden überein; dagegen liefern die Rechnungen beim Merkur einen um 43″ pro Jahrhundert zu kleinen Wert. Zur Erklärung dieser Differenz sind die mannigfachsten Hypothesen ersonnen worden; sie sind aber alle unbefriedigend. Sie müssen ihre Zuflucht zu noch unbekannten Massen im Sonnensystem nehmen, und da alle Nachforschungen nach Massen, die groß genug wären, um die Merkuranomalie zu erklären, vergeblich gewesen sind, müssen sie dann wieder über die Verteilung dieser hypothetischen Massen Annahmen machen, die ihre Unsichtbarkeit erklären sollen. Allen diesen Hilfshypothesen fehlt demgemäß jede innere Wahrscheinlichkeit.

Nach der *Einstein*schen Theorie bewegt sich ein Planet, z. B. im Merkurabstand von der Sonne, unter der Wirkung der Sonnenanziehung auf der „geradesten Bahn" nach der Gleichung

$$\delta\left\{\int ds\right\} = \delta\left\{\int \sqrt{g_{11}\,dx_1^2 + g_{12}\,dx_1\,dx_2 + \cdots + g_{44}\,dx_4^2}\right\} = 0.$$

Die $g_{\mu\nu}$ können aus den für sie gegebenen Differentialgleichungen abgeleitet werden, unter Berücksichtigung der besonderen Bedingungen, die durch die vorausgesetzte alleinige Anwesenheit der Sonne und des als Massenpunkt gedachten Planeten entstehen. *Einstein*s Ansatz führt in erster Näherung auch auf die *Kepler*sche Ellipse als Bahnkurve; in der zweiten Näherung zeigt sich aber, daß der Radiusvektor von der Sonne nach dem Planeten zwischen zwei aufeinanderfolgenden Perihel- und Apheldurchgängen einen Winkel überstreicht, der ungefähr um 0,05″ größer als 180° ist, so daß pro Umlauf die große Achse der Bahn — Verbindungslinie zwischen Perihel und Aphel — sich ungefähr um 0,1″ im Sinne der Bahnbewegung gedreht hat, in hundert Jahren also — der Merkur vollendet einen Umlauf in etwa 88 Tagen — um 43″. Die neue Theorie erklärt also in der Tat schon aus der Wirkung der Sonnengravitation den bisher unerklärten Betrag von 43″ pro Jahrhundert in der Perihelbewegung des Merkur. (Die Störungsbeiträge der übrigen Planeten würden sich übrigens von der durch die *Newton*sche Theorie gelieferten nur ganz unwesentlich unterscheiden.) Als einzige willkürliche Konstante geht dabei in diese Rechnungen nur die Gravitationskonstante ein, welche in den Differentialgleichungen für die Gravitationspotentiale $g_{\mu\nu}$, wie schon (s. S. 49) erwähnt, als Proportionalitätsfaktor figuriert. Diese Leistung der neuen Theorie kann kaum hoch genug angeschlagen werden.

Daß zwar beim Merkur, dem der Sonne nächsten Planeten, eine meßbare Abweichung von der *Newton*schen Theorie vorhanden ist, nicht aber bei den der Sonne ferneren Planeten, beruht übrigens darauf, daß diese Abweichung mit wachsendem Abstande des Planeten von der Sonne stark abnimmt, so daß er schon im Erdabstande unmerklich wäre. Bei der Venus ist unglücklicherweise die Exzentrizität der Bahn so gering, daß die Bahn von einem Kreise kaum abweicht und die Lage des Perihels daher nur sehr unsicher bekannt ist.

Von den beiden übrigen Prüfungsmöglichkeiten der Theorie entspringt die eine dem Einfluß der Gravitation auf den zeitlichen Ablauf eines Vorganges. Wie ein solcher Einfluß entstehen kann, lehrt das folgende Beispiel: Nach der Äquivalenzhypothese kann ein Beobachter nicht ohne weiteres unterscheiden, ob eine von ihm wahrgenommene Veränderung im Ablauf eines Vorganges von der Einwirkung eines Gravitationsfeldes herrührt oder von einer entsprechenden Beschleunigung seines Beobachtungsortes (Bezugssystems). Nehmen wir nun ein unveränderliches Gravitationsfeld an, gekennzeichnet durch parallele Kraftlinien in der Richtung der negativen z-Achse und durch einen konstanten Wert der Beschleunigung γ, mit der alle Körper in ihm beschleunigt fallen, also gekennzeichnet durch Bedingungen, wie sie angenähert auf der Erdoberfläche bestehen. Nach der *Einstein*schen Theorie wird irgendein Vorgang in diesem Felde ebenso verlaufen, wie er verläuft in bezug auf ein in der Richtung der positiven z-Achse um den Betrag γ beschleunigtes Koordinatensystem. Geht nun ein Lichtstrahl der Schwingungsdauer ν_1 vom Orte A, der zur Zeit des Abganges des Strahles relativ zu dem betreffenden Koordinatensystem ruhen möge, in der Richtung der z-Achse nach einem im Abstande h befindlichen Orte B, so wird ein Beobachter in B infolge seiner eigenen Beschleunigung γ bei der Ankunft des Strahles die Geschwindigkeit $\gamma \cdot \dfrac{h}{c}$ erlangt haben (c ist die Lichtgeschwindigkeit). Nach dem normalen Dopplerprinzip wird er daher dem Lichtstrahl statt der Schwingungsdauer ν_1 die Schwingungsdauer $\nu_2 = \nu_1\left(1 + \gamma\,\dfrac{h}{c^2}\right)$ in erster Näherung zusprechen. Wenn wir denselben Vorgang in das äquivalente Gravitationsfeld verpflanzen, so nimmt dieses Resultat folgenden Ausdruck an: Die Schwingungsdauer ν_2 eines Lichtstrahles in einem Orte B, der sich von dem Orte A durch den Betrag $\pm \Phi$ des Gravitationspotentials unterscheidet, steht auf Grund des Äquivalenzprinzips der *Ein-*

*stein*schen Gravitationstheorie zu der dort beobachteten Schwingungsdauer in der Beziehung

$$\nu_2 = \nu_1 \left(1 \pm \frac{\Phi}{c^2} \right).$$

Dieser Fall zeigt, wie die Abhängigkeit des zeitlichen Ablaufes eines Vorganges von dem Gravitationszustande zu verstehen ist. — Nun kann man jedes (eine Spektrallinie) schwingende Gebilde als Uhr auffassen, deren „Gang" nach den soeben gemachten Auseinandersetzungen von dem Wert des Gravitationspotentials an ihrem Standort abhängt. Diese selbe „Uhr" wird je nach dem Gravitationspotential an einer anderen Stelle des Feldes eine andere Schwingungsdauer, d. h. einen anderen Gang, haben. Infolgedessen wird eine bestimmte Spektrallinie des von der Sonne kommenden Lichtes, z. B. eine Eisenlinie, im Spektroskop gegen die entsprechende Eisenlinie einer irdischen Lichtquelle (Bogenlampe) verschoben erscheinen müssen; das Gravitationspotential an der Oberfläche der Sonne hat ja, ihrer größeren Masse entsprechend, einen anderen Wert als dasjenige an der Erdoberfläche, und eine bestimmte Schwingungsdauer (Farbe) ist ja im Spektrum durch eine bestimmte Stelle (*Fraunhofer*sche Linie) charakterisiert. Diesen Effekt, welcher für eine Wellenlänge $\gamma = 400 \, \mu\mu$ ungefähr 0,008 Å beträgt, hat man jedoch bisher nicht mit Sicherheit nachweisen können. Denn die Emissionsverhältnisse des Lichtes auf der Sonnenoberfläche sind noch nicht genügend genau erforscht und die systematischen Verfälschungen der Wellenlängen auch bei der irdischen Vergleichslichtquelle, der Bogenlampe, nicht so genau bekannt, daß die bisherigen negativen Beobachtungsresultate als bindende Entschei-

*)

dungen aufgefaßt werden könnten. Dies gilt um so mehr, als bei den Fixsternen unzweifelhaft Anzeichen für das Vorhandensein einer Gravitationsverschiebung der Spektrallinien vorliegen*). Eine Sicherstellung dieses Effektes ist eine besonders wichtige Aufgabe der Astronomie, denn diese Gravitationsverschiebung der Spektrallinien ist eine unmittelbare Folge der Äquivalenzhypothese und setzt die übrigen Ansätze der Theorie, z. B. die Differentialgleichungen des Gravitationsfeldes, nicht voraus.

Die dritte, ebenso wichtige Folgerung der *Ein*steinschen Theorie ist die Abhängigkeit der Lichtgeschwindigkeit vom Gravitationspotential und die sich (auf Grund des *Huygens*schen Prinzips) dadurch ergebende Krümmung eines Lichtstrahls bei seinem Durchgang durch ein Gravitationsfeld. Die Theorie ergibt für einen dicht an der Sonne vorbeigehenden Lichtstrahl, der z. B. von einem Fixstern herkommt, eine Krümmung seiner Bahn. Infolge der Krümmung muß man den Stern gegen seinen wahren Ort am Himmel um einen Betrag verschoben sehen, der am Sonnenrand $1{,}7''$ beträgt und proportional dem Abstand vom Sonnenmittelpunkte abnimmt. Da aber die photographische Aufnahme des an der Sonne vorbeigehenden, von einem Fixstern herkommenden Lichtes nur dann möglich ist, wenn das alles überstrahlende Licht der Sonne am Eintritt in unsere Atmosphäre gehindert wird, so kommen nur die seltenen totalen Finsternisse für diese Beobachtung und die Lösung der Aufgabe in Betracht. Die Sonnenfinsternis am 29. Mai 1919, während welcher auf zwei Beobachtungsstationen Aufnahmen im Hinblick auf dieses Problem gemacht worden sind, hat, soweit die Resultate

---

*) Siehe *Die Naturwissenschaften* Jahrg. 7, 629, 1919.

der Messungen ein definitives Urteil schon erlauben, zugunsten der allgemeinen Relativitätstheorie entschieden.

Die experimentelle Begründung der *Einstein*schen Gravitationstheorie ist also noch nicht abgeschlossen. Wenn die Theorie aber trotzdem schon heute den Anspruch auf allgemeine Beachtung erheben kann, so hat das in der ungewöhnlichen Einheit und Folgerichtigkeit ihrer Grundlagen seinen berechtigten Grund. Sie löst in Wahrheit mit einem Schlage alle Rätsel, welche die Bewegung der Körper den Physikern seit *Newton*s Zeit bei der üblichen Auffassung der Bedeutung von Raum und Zeit aufgegeben hatte.

Anhang.

Anmerkung 1 (S. 3). In der Frage, ob sich die eventuelle Bewegung der Lichtquelle in der Ausbreitungsgeschwindigkeit des Lichtes bemerkbar mache, waren, solange man die universelle Bedeutung der Lichtgeschwindigkeit nicht kannte, zwei Vermutungen möglich. Man konnte entweder vermuten, daß die Geschwindigkeit der Lichtquelle sich zu derjenigen Lichtgeschwindigkeit addiert, die für die Ausbreitung des Lichtes aus einer ruhenden Lichtquelle charakteristisch ist; oder man konnte vermuten, daß die Bewegung der Lichtquelle keinen Einfluß hat auf die Ausbreitungsgeschwindigkeit des von ihr ausgehenden Lichtes. In diesem zweiten Falle stellte man sich vor, daß die Lichtquelle die periodisch wechselnden Zustände des ruhenden, d. h. an der Bewegung der Materie (Lichtquelle) nicht beteiligten Lichtäthers nur anregt und daß diese Zustände sich dann mit einer für den Äther charakteristischen Geschwindigkeit ausbreiten, für uns als Lichtwelle wahrnehmbar. Diese Auffassung hatte sich schließlich im wesentlichen durchgesetzt. Erst die spezielle Relativitätstheorie und die Quantenhypothese haben diese Auffassung unmöglich gemacht. Denn dadurch, daß die spezielle Relativitätstheorie die Aussage, „der Lichtäther ruht", bedeutungslos machte, weil man nach Belieben jedes System als im Lichtäther ruhend definieren kann — im Rahmen der gleichförmigen Translationen — und dem Lichtäther seine Existenz nahm, nahm sie den Lichtwellen den Träger. Dadurch, daß die Quantenhypothese die Lichtquanten zu selbständigen Individuen erhob, nahm sie der Lichtgeschwindigkeit den Charakter einer für den Lichtäther charakteristischen Konstanten. Unsere Auffassung der Lichtquanten führt also wieder zu einer Art Emissionstheorie des Lichtes. Für eine Emissionstheorie wäre nach der klassischen Mechanik typisch gewesen,

5*

daß sich die Geschwindigkeit der Lichtquelle zu der Lichtgeschwindigkeit aus der ruhenden Lichtquelle addiert. Wir kommen also auf die oben angeführte erste Vermutung zurück. Nun müßte eine solche Übereinanderlagerung der Geschwindigkeiten bei den spektroskopischen Doppelsternen ganz merkwürdige Erscheinungen veranlassen (de Sitter Phys. Zeitschrift *14*, 429). Denn bewegen sich zwei Fixsterne in *Kepler*schen Kreisbahnen umeinander und liegt unsere Visionslinie in der gemeinsamen Bahnebene, so müßten wir folgendes wahrnehmen: Ist $2\,T$ die Umlaufszeit des Systems, u die Bahngeschwindigkeit der einen (hellen) Komponente, $\varDelta$ der Abstand des ganzen Systems von der Erde und schließlich c die Lichtgeschwindigkeit aus der ruhenden Lichtquelle im Vakuum, so wäre die Lichtgeschwindigkeit in der Epoche größter positiver Geschwindigkeit in der Visionslinie, $c + u$, bzw. in der anderen: $c - u$. Infolgedessen würde das Zeitintervall zwischen zwei solchen aufeinanderfolgenden Epochen für den irdischen Beobachter abwechselnd den Betrag $T + \dfrac{2\,u\,\varDelta}{c^2}$

und $T - \dfrac{2\,u\,\varDelta}{c^2}$ annehmen, wie eine einfache Rechnung zeigt.

Da bei der riesenhaften Entfernung der Fixsterne das Glied $\dfrac{2\,u\,\varDelta}{c^2}$ so groß, ja noch größer als T werden kann, so müßten wir bei den spektroskopischen Doppelsternen ganz bestimmte Anomalien beobachten können. Es müßten nämlich die Zeitintervalle zwischen zwei solchen Epochen in der Bahn zu Null zusammenschrumpfen können, ja sogar negativ werden können, und wir könnten die gemessenen Dopplereffekte gar nicht durch Bewegungsvorgänge in *Kepler*schen Ellipsen deuten. In Wahrheit sind aber diese Anomalien nie zutage getreten. Die Erfahrung lehrt an diesen sehr empfindlichen Prüfobjekten (den spektroskopischen Doppelsternen), daß die Bewegung der Lichtquelle in derjenigen der Lichtausbreitung nicht bemerkbar wird. Damit ist auch die erste Auffassung unhaltbar geworden. Erst die spezielle Relativitätstheorie mit dem Postulat der Konstanz der Lichtgeschwindigkeit und ihrem neuen Additionstheorem der Geschwindigkeiten hat uns zu einer Stellungnahme in dieser Frage geführt, die in sich widerspruchslos und mit der Erfahrung verträglich ist (s. Anmerkung 2).

Anmerkung 2 (S. 7). Es sind im wesentlichen zwei grundlegende optische Versuche, auf die sich unsere Anschauung über die ausgezeichnete Bedeutung der Lichtgeschwindigkeit in der Natur gründet: der *Fizeau*sche Versuch über die Lichtgeschwindigkeit in fließendem Wasser und der *Michelson*sche Versuch. Die Aberration dagegen hat unmittelbar nichts mit der Frage zu tun, ob man durch optische Versuche im Laboratorium eine Bewegung der Erde relativ zum Lichtäther nachzuweisen vermag. Die Aberration bei Fixsternen sagt nur aus, daß sich die Relativbewegung der Erde zu dem betrachteten

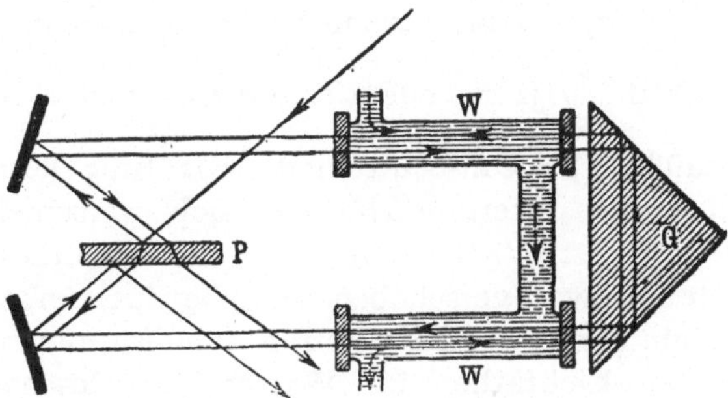

Fixstern im Laufe des Jahres periodisch ändert. Steht man allerdings auf dem Standpunkte, daß ein alles durchdringender Lichtäther Träger der Lichtausbreitung ist, so läßt sich die Erscheinung der Aberration nur dann befriedigend erklären, wenn man annimmt, daß sich dieser Lichtäther nicht an der Bewegung der Erde beteiligt.

Der *Fizeau*sche Versuch sollte nun endgültig darüber entscheiden, ob bewegte Materie den Lichtäther beeinflußt und wie groß für den ruhenden Beobachter die Lichtgeschwindigkeit in bewegter Materie ist. Der Versuch wurde bei der verbesserten Wiederholung durch *Michelson* und *Morley* folgendermaßen angestellt. Ein Lichtbündel von einer irdischen Lichtquelle durchdringt ein U-förmiges und von Wasser durchflossenes Rohr in der Richtung beider Schenkel. Hinter dem Rohr werden beide Lichtbündel, nachdem sie das fließende

Wasser, das eine mit, das andere gegen die Strömung durchsetzt haben, zur Interferenz gebracht. In dem einen Rohr sind also Licht- und Wassergeschwindigkeit gleichgerichtet, im zweiten Rohr engegengesetzt gerichtet. Nun scheinen im voraus folgende zwei Möglichkeiten zu bestehen: entweder das mit der Geschwindigkeit v zur Rohrwandung strömende Wasser reißt den Träger der Lichtausbreitung, also den Lichtäther, mit: dann ist die Lichtgeschwindigkeit in dem einen Schenkel $\dfrac{c}{n} + v$ und in dem andern $\dfrac{c}{n} - v$, denn $\dfrac{c}{n}$ ist, wegen des Brechungsexponenten n des Wassers, die Lichtgeschwindigkeit in ruhendem Wasser. Oder aber die Bewegung des Wassers ist ganz ohne Einfluß auf den im Wasser das Licht fortpflanzenden Lichtäther. Dann wäre in beiden Schenkeln die Lichtgeschwindigkeit $\dfrac{c}{n}$. Je nachdem eine dieser beiden Annahmen gültig ist, müßten bei Umschaltung der Richtung der Strömung des Wassers die Interferenzfranzen sich verschieben oder ruhend bleiben. Der Versuch entschied für keine dieser beiden Möglichkeiten. Zwar verschoben sich die Interferenzfranzen, aber nicht um den erwarteten Betrag, sondern nur um so viel, als hätte der Lichtäther im Wasser die Geschwindigkeit $v\left(1 - \dfrac{1}{n^2}\right)$ und nicht den vollen Wert v angenommen. Man nennt diesen Wert der Mitführung des Lichtäthers den *Fresnel*schen Mitführungskoeffizient. Doch ist diese Bezeichnung insofern mißverständlich, als in der von *Lorentz* entwickelten Elektrodynamik der Befund beim *Fizeau*schen Versuch gerade für einen absolut ruhenden Äther spricht und der sog. Mitführungskoeffizient nur eine Folge der Struktur der Materie, speziell der Wechselwirkung zwischen Elektronen und Materie ist, worauf wir hier nicht näher eingehen können. Jedenfalls schienen in dem Stadium vor dem *Michelson*schen Versuch sowohl Aberration als *Fizeau*scher Versuch zugunsten der Auffassung eines absolut ruhenden Äthers zu sprechen.

Der *Michelson*sche Versuch sollte nun den Ätherstrom feststellen, durch welchen die Erde dauernd hindurchsaust, da ja der Äther an ihrer Bewegung nicht teilnimmt. Das Schema dieses Versuches ist folgendes:

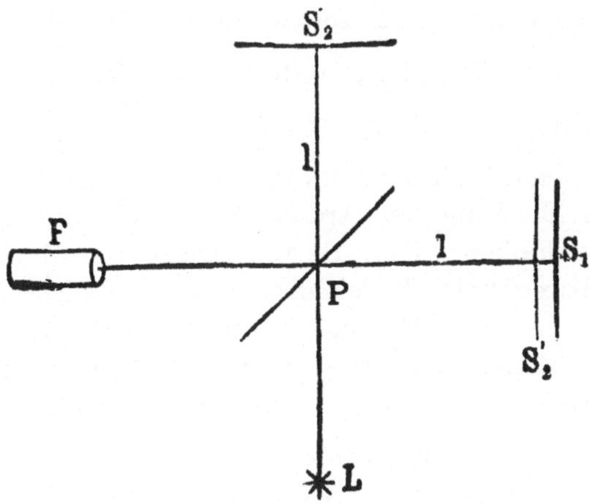

Ein Lichtstrahl, der von L ausgeht, durchläuft die Strecke $LP + PS_1 + S_1P + PF$, dabei sind S_1 und S_2 zwei Spiegel, auf die der Strahl lotrecht auffällt, P eine Glasplatte, die einen Teil des Lichtes reflektiert und einen Teil hindurchläßt, F ist das Fernrohr des Beobachters. Ein anderer Lichtstrahl durchläuft die Strecke $LP + PS_2 + S_2P + PF$. Dabei sei $PS_1 = PS_2 = l$; ferner liege FS_1 in Richtung der Erdbewegung. Voraussetzung ist, daß der Lichtäther die Erdbewegung nicht mitmacht; q sei der Betrag der Erdgeschwindigkeit. Dann ist die Relativgeschwindigkeit des Lichtes zum Instrument (Erde) in Richtung:

$$PS_1 = c - q \quad \text{also die Lichtzeit} \quad \frac{l}{c - q}$$

$$S_1P = c + q \quad \text{also die Lichtzeit} \quad \frac{l}{c + q}$$

$$\left.\begin{array}{l} PS_2 = \sqrt{c^2 - q^2} \quad \text{also die Lichtzeit} \\ S_2P = \sqrt{c^2 - q^2} \quad \text{also die Lichtzeit} \end{array}\right\} \frac{l}{\sqrt{c^2 - q^2}}.$$

Infolgedessen wird die Strecke:

$$PS_1 + S_1P \text{ in der Zeit } t_1 = l\left(\frac{1}{c - q} + \frac{1}{c + q}\right) = \frac{2l}{c}\left(1 + \frac{q^2}{c^2}\right)$$

zurückgelegt, und

$PS_2 + S_2P$ in der Zeit $t_2 = \dfrac{2\,l}{\sqrt{c^2 - q^2}} = \dfrac{2\,l}{c}\left(1 + \dfrac{1}{2}\dfrac{q^2}{c^2}\right)$.

Die Differenz beider Lichtzeiten ist $(t_1 - t_2)_1 = \dfrac{l}{c} \cdot \dfrac{q^2}{c^2}$.

Vertauscht man S_1 und S_2, indem man den ganzen Apparat um 90° dreht, so wird $(t_1 - t_2)_2 = -\dfrac{l}{c} \cdot \dfrac{q^2}{c^2}$.

Bringt man beide Lichtstrahlen in F zur Interferenz, so müßten sich bei der Drehung des Apparates um 90° die Interferenzstreifen verschieben. Den Betrag dieser Verschiebung kann man leicht berechnen. Bezeichnet man mit τ die Schwingungsfrequenz des bei dem Versuch benutzten Lichtstrahles, so ist $c \cdot \tau = \lambda$ die entsprechende Wellenlänge. In Bruchteilen des Streifenabstandes ist dann die zu erwartende Verschiebung gleich:

$$\frac{(t_1 - t_2)_1 - (t_1 - t_2)_2}{\tau} = \frac{2\,l}{\lambda} \cdot \frac{q^2}{c^2}.$$

Durch häufige Reflexionen des Lichtes wurde $2\,l$ so vergrößert, daß $\dfrac{2\,l}{\lambda}$ von der Größenordnung 10^7 wurde; ist z. B. $2\,l = 30\,\mathrm{m} = 30.10^2\,\mathrm{cm}$, $\lambda = 6.10^{-5}\,\mathrm{cm} = $ der Wellenlänge des Natriumlichtes, so ist $\dfrac{2\,l}{\lambda} = 5.10^7\,\mathrm{cm}$, andererseits ist $\dfrac{q^2}{c^2}$ von der Größenordnung $\left(\dfrac{30\,\mathrm{km}}{300\,000\,\mathrm{km}}\right)^2$ also gleich 10^{-8}. Die erwartete Verschiebung der Streifen müßte dann etwa 0,56 Streifenbreite sein. Beobachtet wurde ein Betrag von der Größenordnung 0,02 Streifenbreite. Es machte sich also der Ätherstrom bei der Bewegung der Erde nicht optisch bemerkbar. Dadurch, daß der Versuch zu verschiedenen Jahreszeiten angestellt wurde, begegnete man dem möglichen Einwande, es hätte die Translationsbewegung des gesamten Sonnensystems zufällig die Bewegung der Erde in ihrer Bahn um die Sonne aufgehoben.

Der *Michelson*sche Versuch hat endgültig gezeigt, daß es physikalisch ohne Sinn ist, von einer absoluten Ruhe oder von einer Translation relativ zum absoluten Raum zu sprechen, da alle geradlinig gleichförmig gegeneinander bewegten Systeme gleichwertig zur Beschreibung der Naturvorgänge sind. Es ist also Sache der Konvention, welches System man als ruhend und welches man als bewegt auffassen will. Der Lichtgeschwindigkeit kann man in allen Systemen den gleichen Wert beilegen. Eine eingehende Theorie dieser Fundamentalversuche findet man in allen ausführlichen Darstellungen der speziellen Relativitätstheorie. Ich erwähne nur die Originalarbeit von *A. Einstein* (Annalen der Physik Bd. 17, 1905, S. 891) und die „Einführung in die Relativitätstheorie" von Dr. *W. Bloch* aus der Sammlung „Aus Natur und Geisteswelt", Leipzig 1918.

Anmerkung 3 (S. 9). Die Beseitigung der Transformationen des *Newton*schen Relativitätsprinzips und ihre Ersetzung durch die sog. *Lorentz-Einstein*schen Transformationen bedeutete einen Schritt von außerordentlicher Tragweite. Er rechtfertigte sich dadurch, daß die neue Relativitätstheorie, welche auf ihn folgte, mühelos die Ergebnisse aller fundamentalen Versuche der Optik und Elektrodynamik bestätigte. Was den *Michelson*schen Versuch anbetrifft, so hatte *Lorentz*, um innerhalb seiner Elektrodynamik sein negatives Resultat zu erklären, die Hypothese aufstellen müssen, die Dimensionen aller Körper verkürzten sich in der Richtung ihrer Bewegung. Nun zeigte aber *Einstein*: bei einer strengen Definition des Begriffes der Gleichzeitigkeit unter Berücksichtigung des Postulates von der Konstanz der Lichtgeschwindigkeit ergeben sich die empirisch gefundenen *Lorentz*-Transformationen notwendig als diejenigen Transformationsgleichungen, die zwischen den Koordinaten zweier geradlinig gleichförmig gegeneinander-bewegter Systeme gelten müssen. Und als unmittelbare Folge dieser Transformationen ergibt sich ohne Zusatzhypothese diejenige Kontraktion der Längen, die *Lorentz* zur Deutung des *Michelson*schen Versuches herangezogen hatte. Diese Kontraktion einer Länge l in der Richtung ihrer Bewegung auf den Wert $l \sqrt{1 - \dfrac{v^2}{c^2}}$ ist aber innerhalb der neuen Theorie Ausdruck der allgemeinen Tatsache, daß die Dimensionen eines Körpers nur eine relative Bedeutung haben, d. h. ihrem Werte nach von dem Bewegungszustande des Beobachters abhängen, der die Dimensionen des betreffenden Körpers bestimmt. Dies gilt sowohl von der räumlichen als auch der zeitlichen Ausdehnung der Dinge. Vom Standpunkt des neuen Relativitätsprinzips war der negative Ausfall des *Michelson*schen Versuches eine Selbstverständlichkeit. Wie stand es aber mit den anderen Grundtatsachen der Optik und Elektrodynamik? Nun, das Ergebnis des *Fizeau*schen Versuches über die Lichtgeschwindigkeit in strömendem Wasser wurde direkt zum Prüfstein der aus den neuen Formeln folgenden Kinematik. Nach den *Lorentz*-Transformationen addieren sich nicht einfach zwei Geschwindigkeiten q und v, mit denen sich z. B. zwei Lokomotiven begegnen, so daß $q + v$ die Relativgeschwindigkeit beider gegeneinander ist. Vielmehr wird jeder der Lokomotivführer als Geschwindigkeit ihrer Vorüberfahrt nach den neuen Formeln den Wert

$$\frac{q + v}{1 + \dfrac{q \cdot v}{c^2}}$$

finden. Dies ist das Additionstheorem der Geschwindigkeiten in der neuen Theorie; es liefert unmittelbar als Geschwindigkeit des Lichtes in fließendem Wasser den nach dem *Fizeau*schen Versuch beobachteten Betrag. Ebenso zwanglos ergeben sich Aberration und Dopplereffekt in richtiger Größe. Eine ausführliche Diskussion dieser Fragen findet man in jeder Darstellung der „speziellen" Relativitätstheorie (s. Literaturangabe in Anmerkung 2).

Anmerkung 4 (S. 11). *Ph. Frank* und *H. Rothe*, Ann. d. Phys., 4. Folge, Bd. 34, S. 825.

Die Voraussetzungen für die allgemeinen Transformationsgleichungen, durch welche zwei Systeme S und S', die sich gleichförmig geradlinig mit der Geschwindigkeit q gegeneinander bewegen, aufeinander bezogen werden, lauten:

1. Die Transformationsgleichungen bilden eine lineare homogene Gruppe mit dem variablen Parameter q, d. h. also: Die Aufeinanderfolge zweier Transformationsgleichungen, von denen die eine das System S auf S' bezieht und die zweite S' auf S'' (S soll gegen S' die konstante Geschwindigkeit q, S' gegen S'' die konstante Geschwindigkeit q' haben) führt wieder zu einer Transformationsgleichung der gleichen Gestalt, wie sie die Ausgangsgleichungen haben; der in der neuen

Gleichung auftretende Parameter q'' hängt in bestimmter Weise von q' und q ab.

2. Die Kontraktionen der Längen hängen nur von dem Betrage des Parameters q ab. — Man muß natürlich von Anfang an mit der Möglichkeit rechnen, daß die Länge eines Stabes vom ruhenden System aus gemessen anders ausfällt, als wie im bewegten System gemessen. Die Bedingung 2 verlangt nun, daß, wenn sich Kontraktionen (d. h. Änderungen der Längen bei diesen verschiedenen Bestimmungsweisen) offenbaren, diese dem Betrage nach nur von der Größe der Geschwindigkeit beider Systeme zueinander und nicht von der Richtung ihrer Bewegung im Raum abhängen sollen. Diese Forderung erteilt also dem Raum die Eigenschaft der Isotropie und entspricht ungefähr derjenigen Forderung des Abschnittes 3a, daß jedes Linienelement unabhängig von Ort und Richtung mit jedem anderen der Länge nach verglichen werden kann.

Wesentlich ist, daß in beiden Voraussetzungen 1 und 2 die Konstanz der Lichtgeschwindigkeit nicht verlangt wird. Vielmehr ist die singuläre Eigenschaft einer bestimmten Geschwindigkeit, in allen durch solche Transformationen auseinander hervorgehenden Systemen, ihren Wert beizubehalten, eine strenge Folgerung dieser beiden allgemeinen Forderungen, und das Ergebnis des *Michelson*schen Versuches nur die Festlegung des Betrages dieser singulären Geschwindigkeit, welcher natürlich nur durch die Erfahrung gewonnen werden konnte.

Anmerkung 5 (S. 14). *Einstein* hat an einem einfachen Beispiel gezeigt, wie auf Grund der Formeln der speziellen Relativitätstheorie ein Massenpunkt durch Ausstrahlung von Energie an träger Masse einbüßt.

Wir nehmen an, ein Massenpunkt emittiere nach einer Richtung eine Lichtwelle der Energie $\frac{L}{2}$, und nach der entgegengesetzten Richtung eine Lichtwelle der gleichen Energie $\frac{L}{2}$. Dann wird der Massenpunkt in Anbetracht der Symmetrie des Strahlungsvorganges zu dem ursprünglich gewählten Bezugssystem der Koordinaten x, y, z, t in Ruhe verharren.

Die Gesamtenergie des Massenpunktes bezogen auf dieses System sei E_0, dagegen H_0 bezogen auf ein zweites System, das sich relativ zum ersten mit der gleichförmigen Geschwindigkeit v bewegen mag. Wir wollen auf diesen Vorgang das Energieprinzip in Anwendung bringen. Sind ν und A Frequenz und Amplitude der Lichtwelle im Ausgangssystem, ν', A', x', y', z', t', Frequenz, Amplitude und Koordinaten im zweiten bewegten System, ferner φ der Winkel zwischen der Wellennormalen und der Verbindungslinie: Massenpunkt—Beobachter, so liefert das *Doppler*sche Prinzip als Frequenz der Lichtwelle im bewegten System gemessen:

$$\nu' = \nu \cdot \frac{1 - \dfrac{v}{c} \cdot \cos \varphi}{\sqrt{1 - \dfrac{v^2}{c^2}}}.$$

Entsprechend liefern die Formeln der speziellen Relativitätstheorie als Amplitude im bewegten System:

$$A' = A \cdot \frac{1 - \dfrac{v}{c} \cos \varphi}{\sqrt{1 - \dfrac{v^2}{c^2}}}.$$

Nach der *Maxwell*schen Theorie ist die Energie der Lichtquelle pro Volumeinheit $\frac{1}{8\,\pi} \cdot A^2$. Wir wollen nun auch die entsprechende Energiedichte in bezug auf das bewegte System berechnen. Hier müssen wir berücksichtigen, daß infolge der Kontraktion der Längen nach den Transformationsformeln von *Lorentz-Einstein* sich das Volum V einer Kugel im ruhenden System in das eines Ellipsoids, vom bewegten System aus gemessen, verwandelt; und zwar ist dieses Volumen des Ellipsoids

$$V' = V \cdot \frac{\sqrt{1 - \dfrac{v^2}{c^2}}}{1 - \dfrac{v}{c} \cos \varphi}.$$

Die Energiedichten im gestrichenen und ungestrichenen System verhalten sich folglich zueinander wie:

$$\frac{L'}{L} = \frac{\frac{1}{8\,\pi} \cdot A'^2 \cdot V'}{\frac{1}{8\,\pi}\,A^2 \cdot V} = \frac{1 - \dfrac{v}{c}\cos\varphi}{\sqrt{1 - \dfrac{v^2}{c^2}}}\,.$$

Nennen wir nun E_1 den Energiegehalt des Massenpunktes·
nach der Emission der Lichtwelle, H_1 die entsprechende Größe
bezogen auf das bewegte System, so gilt:

$$E_1 = E_0 - \left[\frac{L}{2} + \frac{L}{2}\right]\ \text{ oder }\ E_0 = E_1 + \left[\frac{L}{2} + \frac{L}{2}\right]\ \text{ dagegen}:$$

$$H_0 = H_1 + \left[\frac{L}{2}\,\frac{1 - \dfrac{v}{c}\cos\varphi}{\sqrt{1 - \dfrac{v^3}{c^2}}} + \frac{L}{2}\,\frac{1 + \dfrac{v}{c}\cos\varphi}{\sqrt{1 - \dfrac{v^2}{c^2}}}\right]\,.$$

Hieraus gewinnt man unmittelbar:

$$[H_0 - E_0] - [H_1 - E_1] = L\left[\frac{1}{\sqrt{1 - \dfrac{v^2}{c^2}}} - 1\right]\,.$$

Was sagt nun diese Gleichung aus?

H und E sind doch die Energiewerte desselben Massenpunktes, einmal bezogen auf ein System, gegen welches der
Massenpunkt sich bewegt, und zweitens bezogen auf ein
System, in welchem er ruht. Die Differenz $H - E$ muß also,
bis auf eine additive Konstante gleich der kinetischen Energie des Massenpunktes bezogen auf das bewegte System sein.
Wir können also schreiben:

$$H_0 - E_0 = K_0 + C, \qquad H_1 - E_1 = K_1 + C;$$

dabei bedeutet C eine Konstante, die sich während der Lichtemission des Massenpunktes nicht ändert, da ja bei der Symmetrie des Vorganges der Massenpunkt zum Ausgangssystem
in Ruhe bleibt. Wir gelangen damit zu der Beziehung:

$$K_0 - K_1 = L\left[\frac{1}{\sqrt{1 - \dfrac{v^2}{c^2}}} - 1\right] = \frac{1}{2}\,\frac{L}{c^2} \cdot v^2 \ldots$$

In Worten besagt diese Gleichung: Dadurch, daß der Massenpunkt durch Lichtemission die Energie L ausstrahlt, geht

seine kinetische Energie, bezogen auf ein bewegtes System von K_0 auf den Wert K_1 herab, entsprechend einem Verlust an träger Masse vom Betrage: $\dfrac{L}{c^2}$; denn nach der klassischen Mechanik mißt ja der Ausdruck $\dfrac{1}{2}\, m \cdot v^2$, wo m die träge Masse des beobachteten Körpers ist, die kinetische Energie dieses Körpers bezogen auf ein System, gegen das er sich mit der Geschwindigkeit v bewegt. Als träge Masse einer Energiemenge L hat also der Betrag $\dfrac{L}{c^2}$ zu gelten.

Anmerkung 6 (S. 23). Daß für jedes Punktepaar im Raum ein und dieselbe Größenbeziehung existiert, nämlich der gegenseitige Abstand, und daß mit Hilfe dieser Beziehung jedes Punktpaar mit jedem andern verglichen werden kann, das ist das charakteristische Merkmal, welches den Raum von den übrigen uns bekannten kontinuierlichen Mannigfaltigkeiten auszeichnet. Den gegenseitigen Abstand zweier Punkte auf dem Fußboden und den gegenseitigen Abstand zweier senkrecht übereinanderliegender Punkte an der Wand des Zimmers messen wir mit denselben Maßstäben aus, die wir nach Belieben in jede Richtung legen können. Wir können deswegen den gegenseitigen Abstand des Punktpaares auf dem Fußboden mit dem gegenseitigen Abstand jedes anderen Punktpaares an der Wand „vergleichen".

In dem System der Töne liegen im Gegensatz hierzu die Verhältnisse ganz anders. Das System der Töne stellt eine Mannigfaltigkeit der Dimension 2 dar, wenn man jeden Ton durch seine Höhe und seine Stärke in der Gesamtheit festlegt. Es ist jedoch nicht möglich, zu vergleichen: den „Abstand" zweier Töne gleicher Höhe aber verschiedener Stärke (Analogon zu den zwei Punkten auf dem Fußboden) mit dem „Abstand" zweier Töne verschiedener Höhe aber gleicher Stärke (Analogon zu den zwei Punkten an der Wand). Die Maßverhältnisse sind also in dieser Mannigfaltigkeit durchaus anders.

Auch im System der Farben haben die Maßverhältnisse ihre Besonderheit. Die Dimension der Mannigfaltigkeit der Farben ist die gleiche wie die des Raumes, da jede Farbe aus den drei „Grundfarben" durch Mischung hergestellt werden kann. Zwischen zwei beliebigen Farben besteht aber keine Beziehung, die dem Abstande zweier Raumpunkte entspräche. Erst wenn man aus beiden Farben durch Mischung eine dritte ableitet, so gelangt man zu einer Gleichung zwischen diesen drei Farben ähnlich derjenigen, welche drei auf einer geraden Linie liegende Raumpunkte verknüpft.

Diese Beispiele, die den Aufsätzen von *Helmholtz* entlehnt sind, zeigen, daß die Maßverhältnisse einer kontinuierlichen Mannigfaltigkeit nicht schon mit ihrer Definition als einer kontinuierlichen Mannigfaltigkeit und mit der Festlegung ihrer Dimension gegeben sind. Eine kontinuierliche Mannigfaltigkeit ist im allgemeinen verschiedener Maßverhältnisse fähig. Erst die Erfahrung ermöglicht, die für jede Mannigfaltigkeit gültigen Maßgesetze abzuleiten. Die Erfahrung, daß die Dimensionen der Körper von ihrer speziellen Lage und Bewegung unabhängig sind, führte auf die Gesetze der euklidischen Geometrie; in ihr ist die Kongruenz für die Vergleichung verschiedener Raumteile ausschlaggebend. Diese Fragen hat *Helmholtz* in verschiedenen Abhandlungen erschöpfend behandelt.

Literatur: *Riemann*, Über die Hypothesen, welche der Geometrie zugrunde liegen (1854). Neu herausgegeben und erläutert von H. Weyl. Berlin. 1919.

Helmholtz, Über die tatsächlichen Grundlagen der Geometrie, Wiss. Abh. 2, S. 610.

Helmholtz, Über die Tatsachen, welche der Geometrie zugrunde liegen, Wiss. Abh. 2, S. 618.

Helmholtz, Über den Ursprung und die Bedeutung der geometrischen Axiome, Vorträge und Reden, 2. Bd., S. 1.

Anmerkung 7 (S. 23). Die Forderung der freien Beweglichkeit endlicher starrer Körper läßt sich am anschaulichsten im Gebiete des Zweidimensionalen erläutern. Denken wir uns auf einer Kugel und einer Ebene je ein Dreieck gezeichnet, auf ersterem durch Bögen größter Kreise begrenzt, auf der Ebene durch gerade Linien, so kann man diese Dreiecke längs beider Oberflächen nach Belieben verschieben und kann sie mit anderen zur Deckung bringen, ohne daß sich dabei die Längen der Seiten und die Winkel veränderten. Dies ist, wie *Gauß* nachgewiesen hat, möglich, weil die Krümmung an jeder Stelle der Kugel (bzw. Ebene) den gleichen Betrag hat wie an jeder anderen Stelle. Und doch ist die Geometrie auf der Kugel eine andere wie die auf der Ebene, weil diese beiden Gebilde nicht ohne Zerrung aufeinander abwickelbar sind (s. Anm. 27). Auf beiden lassen sich aber die planimetrischen Gebilde frei bewegen, und es gelten infolgedessen auf ihnen Kongruenzsätze. Bestimmte man dahingegen auf irgendeiner eiförmigen Fläche ein Dreieck durch die drei kürzesten Verbindungslinien dreier Punkte auf ihr, so käme zutage, daß an verschiedenen Stellen dieser Oberfläche sich Dreiecke mit gleichen Seitenlängen zwar konstruieren lassen; dieselben schließen jedoch andere Winkel als die entsprechenden Seiten des Ausgangsdreiecks ein, und infolgedessen wären sich solche Dreiecke mit gleichen Seitenlängen nicht kongruent. Auf einer eiförmigen Fläche sind also die Figuren nicht ohne Dimensionsänderung verschiebbar, und man gelangt bei dem Studium der geometrischen Verhältnisse auf ihr nicht zu Kongruenzsätzen der bekannten Art. Ganz analoge Betrachtungen lassen sich im Drei- und Vierdimensionalen anstellen, aber natürlich nicht sinnlich veranschaulichen. Verlangen wir, daß im Raum die Körper ohne Dimensionsänderungen frei beweglich sein sollen, so muß die „Krümmung" des Raumes an jeder Stelle die gleiche sein. Der Begriff der Krümmung einer mehr als zweidimensionalen Mannigfaltigkeit läßt sich dabei mathematisch streng formulieren; die Bezeichnung deutet nur auf ihre analoge Bedeutung, wie sie dem Begriffe der Krümmung einer Fläche zukommt, hin. Auch im Dreidimensionalen lassen sich verschiedene Fälle unterscheiden, wie die der Kugel oder Ebene im Zweidimensionalen. Der Kugel entspricht ein nichteuklidischer Raum konstanter positiver Krümmung, der Ebene der euklidische Raum der Krümmung Null. In beiden Räumen lassen sich die Körper ohne Dimensionsänderung frei bewegen; aber der euklidische Raum ist zugleich unendlich ausgedehnt, während der „sphärische" Raum zwar unbegrenzt, wie die Oberfläche der Kugel, aber nicht unendlich ausgedehnt ist. Man findet diese Fragen in dem bekannten Aufsatz von *Helmholtz* „Über den Ursprung und die Bedeutung der geometrischen Axiome" (Vorträge und Reden Bd. 2, S. 1) außerordentlich schön und ausführlich dargestellt.

Anmerkung 8 (S. 24). Die Eigenschaften, die der analytische Ausdruck für die Länge des Linienelementes haben muß, lassen sich folgendermaßen erkennen:

Auf irgendeiner kontinuierlichen Mannigfaltigkeit, z. B. einer Fläche, mögen die Zahlen x_1, x_2 irgendeinen Punkt bezeichnen. Dann ist mit diesem Punkte zugleich eine gewisse „Umgebung" des Punktes gegeben, die lauter Punkte der Fläche enthält. — *D. Hilbert* hat in seinen „Grundlagen der Geometrie" (S. 177) den Begriff einer mehrfach ausgedehnten Größe (Mannigfaltigkeit) auf mengentheoretischer Grundlage streng definiert. In dieser Definition gibt der Begriff der „Umgebung" eines Punktes der *Riemann*schen Forderung des kontinuierlichen Zusammenhangs zwischen den Elementen der Mannigfaltigkeit eine strenge Fassung. — Man kann nun von dem Punkte x_1, x_2 ausgehend in seine Umgebung stetig hineinwandern und an jeder Stelle, z. B. an einem Orte $x_1 + dx_1$, $x_2 + dx_2$, nach der „Entfernung" dieses Punktes vom Ausgangspunkt fragen. Die Funktion, welche diese Entfernung mißt, wird von den Werten x_1, x_2, dx_1, dx_2 abhängen und wird an jedem Zwischenpunkt des Weges, der uns von x_1, x_2 nach dem Punkte $x_1 + dx_1$, $x_2 + dx_2$ geführt hat, gewisse, sich stetig ändernde, und zwar, wie wir voraussetzen können, stetig wachsende Werte durchlaufen. Im Punkte x_1, x_2 selbst wird sie den Wert Null annehmen, für jeden sonstigen Punkt der Umgebung positiv sein müssen. Ferner wird man erwarten, daß, wenn für irgendeinen Zwischenpunkt, er sei durch die Zahlen $x_1 + d\xi_1$, $x_2 + d\xi_2$ gekennzeichnet, $d\xi_1 = {}^1/_2\, dx_1$, $d\xi_2 = {}^1/_2\, dx_2$ ist, in diesem Punkte die gesuchte, die Entfernung messende Funktion, einen Betrag annimmt, der die Hälfte des Betrages im Punkte $x_1 + dx_1$, $x_2 + dx_2$ ist. Unter diesen Annahmen wird die gesuchte Funktion homogen und vom 1. Grade in den dx sein; ihr Wert wird nämlich dann mit demjenigen Faktor multipliziert erscheinen, um welchen man die dx eventuell vergrößert. Ferner soll sie, wenn alle $dx = 0$ sind, selbst verschwinden, und wenn alle dx ihr Vorzeichen ändern, ihren, stets positiven, Wert nicht ändern. Man sieht ohne weiteres ein, daß die Funktion

$$ds = \sqrt{g_{11}\,dx_1{}^2 + g_{12}\,dx_1\,dx_2 + g_{22}\,dx_2{}^2}$$

allen diesen Anforderungen gerecht wird; sie ist aber keineswegs die einzige Funktion dieser Art.

Anmerkung 9 (S. 27). Der Ausdruck vierter Ordnung für das Linienelement würde aber z. B. keine geometrische Interpretation der Formeln gestatten, wie das bei dem Ausdrucke

$$ds^2 = g_{11}\,dx_1{}^2 + g_{12}\,dx_1\,dx_2 + \cdots g_{33}\,dx_2{}^2$$

möglich ist, den man als allgemeinen Fall des pythagoreischen Lehrsatzes auffassen kann.

Anmerkung 10 (S. 28). Unter einer „diskreten" Mannigfaltigkeit versteht man eine solche, bei welcher zwischen den einzelnen Elementen kein kontinuierlicher Übergang möglich ist, sondern jedes Element gewissermaßen ein selbständiges Individuum darstellt. Eine solche Mannigfaltigkeit stellt z. B. die Menge aller ganzen Zahlen dar, oder auch die Menge aller Planeten im Sonnensystem u. a. m.; überhaupt, die abzählbaren Mengen der Mengenlehre sind solche diskreten Mannigfaltigkeiten. Das „Messen" in einer diskreten Mannigfaltigkeit geschieht einfach durch das „Zählen" und stellt uns keine besonderen Probleme, da alle Mannigfaltigkeiten dieser Art diesem gleichen Meßprinzip unterliegen. Wenn *Riemann* dann fortfährt: „Es muß also entweder das dem Raum zugrunde liegende Wirkliche eine diskrete Mannigfaltigkeit bilden, oder der Grund der Maßverhältnisse außerhalb in darauf wirkenden bindenden Kräften gesucht werden", so will er damit nur eine Möglichkeit andeuten, die uns allerdings zurzeit noch fernliegt, prinzipiell aber immer offengelassen werden muß. Gerade in den letzten Jahren ist für eine andere Mannigfaltigkeit, die in der Physik eine große Rolle spielt, nämlich für die „Energie" ein ähnlicher Wechsel in der Auffassung tatsächlich geschehen, und man wird an diesem Beispiele den Sinn obiger Andeutung am leichtesten verstehen.

Bis vor wenigen Jahren faßte man die Energie, die ein Körper durch Strahlung abgibt, als eine kontinuierlich veränderliche Größe auf und versuchte darum ihren jeweiligen Betrag durch eine stetig veränderliche Zahlenfolge zu messen. Die Untersuchungen von *M. Planck* haben jedoch zu der Anschauung geführt, daß diese Energie quantenhaft emittiert wird und deshalb das „Messen" ihres Betrages auf ein „Zählen" der Quanten hinausläuft. Das der Strahlungsenergie hiernach zugrunde liegende Wirkliche wäre also eine diskrete, nicht eine kontinuierliche Mannigfaltigkeit. Setzen wir nun den Fall, daß die Auffassung immer fester Fuß faßte, einerseits daß alle Abmessungen im Raum sich nur auf Abstände von Ätheratomen bezögen, andererseits die Abstände einzelner Ätheratome voneinander nur bestimmter Werte fähig seien, so würde man alle Abstände im Raum durch „Zählen" dieser Werte erhalten und den Raum als eine diskrete Mannigfaltigkeit aufzufassen haben.

Anmerkung 11 (S. 30). *C. Neumann*, Über die Prinzipien der Galilei-Newtonschen Theorie, Leipzig 1870, S. 18.

Anmerkung 12 (S. 31). *H. Streintz*, Die physikalischen Grundlagen der Mechanik, Leipzig 1883.

Anmerkung 13 (S. 32). *A. Einstein*, Annalen der Physik, 4. Folge, Bd. *17*, S. 891.

Anmerkung 14 (S. 34). *Minkowski* hat diese Folgerung des speziellen Relativitätsprinzips als erster mit besonderem Nachdruck hervorgehoben.

Anmerkung 15 (S. 36). Die Bezeichnung „Inertialsystem" war ursprünglich nicht mit dem System verknüpft, das *Neumann* mit dem hypothetischen Körper Alpha verband. Man versteht aber jetzt allgemein unter einem Inertialsystem ein geradliniges Koordinatensystem, in bezug auf welches ein nur seiner Trägheit unterworfener Massenpunkt sich geradlinig gleichförmig bewegt. Während *C. Neumann* den Körper Alpha als ein durchaus hypothetisches Gebilde zur Formulierung des Trägheitsgesetzes erfand, glaubten nachfolgende Untersuchungen, speziell solche von *L. Lange*, daß auf Grund strenger kinematischer Überlegungen ein Koordinatensystem abgeleitet werden könne, das die Eigenschaften eines solchen Inertialsystems besitze. Wie aber *C. Neumann* und *J. Petzoldt* gezeigt haben, enthielten diese Entwicklungen fehlerhafte Voraussetzungen und gaben dem Trägheitsgesetz keine besserfundierte Grundlage als der von *Neumann* eingeführte Körper Alpha. Ein solches Inertialsystem legen übrigens diejenigen geraden Linien fest, welche drei unendlich weit voneinander entfernte Massenpunkte verbinden, die sich gegenseitig also nicht beeinflussen und auch sonst keinen Kräften unterliegen. Man ersieht aus dieser Definition, warum in der Natur ein Inertialsystem nicht zu finden sein wird und warum infolgedessen das Trägheitsgesetz naturwissenschaftlich befriedigend nie wird formuliert werden können.

Literatur: *C. Neumann*, Über die Prinzipien der Galilei-Newtonschen Theorie. Leipzig 1870.

L. Lange, Ber. der Kgl. Sächs. Ges. d. Wiss., math.-phil. Klasse 1885.

L. Lange, Die Geschichte der Entwickelung des Bewegungsbegriffes. Leipzig 1886.

H. Seeliger, Ber. der Bayr. Akad. 1906, Heft 1.

C. Neumann, Bericht der Kgl. Sächs. Ges. d. Wiss., math.-phys. Klasse. 1910, Bd. *62*, S. 69 und 383.

J. Petzoldt, Ann. der Naturphilosophie, Bd. *7*.

Anmerkung 16 (S. 36). *E. Mach*, Die Mechanik in ihrer Entwicklung. 4. Aufl., S. 244.

Anmerkung 17 (S. 37). Die neuen Gesichtspunkte über das Wesen der Trägheit entstammen dem Studium der elektromagnetischen Strahlungsvorgänge. Die spezielle Relativitätstheorie hat sie dann durch den Satz von der Trägheit der Energie dem ganzen Gebäude der theoretischen Physik organisch eingegliedert. Die Dynamik der Hohlraumstrahlung, d. h. die Dynamik eines von masselosen Wänden begrenzten und mit elektromagnetischer Strahlung erfüllten Raumes lehrte, daß ein solches System jeder Bewegungsänderung einen Widerstand entgegensetzt, wie ein bewegter schwerer Körper. Das Studium der Elektronen (freier elektrischer Ladungen) in freibeweglichem Zustande, z. B. in einer Kathodenröhre, lehrte desgleichen, daß diese kleinsten Teilchen sich wie träge Körper verhalten, ihre Trägheit jedoch nicht durch Materie bedingt wird, an welche ihre Ladung gebunden wäre, sondern durch die elektromagnetischen Feldwirkungen, denen das bewegte

Elektron unterliegt. Daraus entstand der Begriff der schein-
baren (elektromagnetischen) Masse eines Elektrons. Die spezielle Relativitätstheorie führte schließlich zu der Erkenntnis, daß aller Energie die Eigenschaft der Trägheit zuzusprechen sei.

Ein jeder Körper enthält Energie (z. B. in seinem Innern
einen bestimmten Betrag in Form von Wärmestrahlung). Die
Trägheit, die er offenbart, ist also zum Teil auf das Konto
dieses Energieinhaltes zu setzen. Da dieser Anteil nach der
speziellen Relativitätstheorie eine relative, d. h. von der Wahl
des Bezugssystems abhängige Größe darstellt, so kommt auch
dem Gesamtbetrag der trägen Masse dieses Körpers kein absoluter, sondern nur ein relativer Wert zu. Nun verteilt sich
dieser Energieinhalt an strahlender Wärme bei jedem Körper
über sein ganzes Volumen, man wird also von dem Energieinhalte der Volumeinheit sprechen können und daraus den
Begriff der Energiedichte ableiten. Diese Dichte der Energie ist dann auch eine dem Betrage nach vom Bezugssystem
abhängige Größe.

Literatur: *M. Planck*, Ann. der Phys., 4. Folge, Bd. 26.

M. Abraham, Elektromagnetische Theorie der Strahlung,
2. Aufl. 1908.

Anmerkung 18 (S. 38). Die Bestimmung der trägen Masse
eines Körpers durch die Messung seines Gewichtes ist nur auf
Grund der Erfahrungstatsache möglich, daß alle Körper in
dem Gravitationsfelde an der Oberfläche der Erde mit gleicher
Beschleunigung fallen. Nennt man p und p' die Drucke zweier
Körper auf die gleiche Unterlage (Gewicht), g die Beschleunigung im Schwerefeld der Erde am betreffenden Beobachtungsorte, so ist

$$p = m \cdot g \ Dynen \quad \text{bzw.} \quad p' = m' \cdot g \ Dynen,$$

wobei m und m' die zwei Proportionalitätsfaktoren sind, die
man die Massen der betreffenden zwei Körper nennt. Da in
beiden Gleichungen derselbe Wert g eingeht, so ist

$$\frac{p'}{p} = \frac{m'}{m},$$

und man kann demgemäß die Massen der Körper an demselben
Ort durch ihre Gewichte messen.

Obwohl schon *Newton* gezeigt hatte, daß alle Körper an demselben Erdorte gleichbeschleunigt fallen (wenn man die Wirkung des Luftwiderstandes auf die Körper eliminiert), so hat doch diese höchst merkwürdige Tatsache in den Grundlagen der Mechanik keinen Platz gefunden. Erst das „Äquivalenzprinzip" von *Einstein* (s. Abschnitt 4, S. 45) räumt ihr die Stellung ein, die ihr unzweifelhaft zukommt.

Anmerkung 19 (S. 39). *B.* und *J. Friedländer* haben aus denselben Überlegungen heraus ein Experiment vorgeschlagen, um die Relativität der Rotationsbewegungen, mithin die Umkehrbarkeit der Zentrifugalerscheinungen darzutun. („Absolute und relative Bewegung." Berlin, Leonhard Simion 1896.) Wegen der Kleinheit des Effektes ist dasselbe zwar zurzeit nicht durchführbar, es ist aber durchaus geeignet, den physikalischen Inhalt dieser Forderung dem Verständnis näherzubringen.

„Das empfindlichste aller Instrumente ist bekanntlich die Drehwage., Die größten rotierenden Massen, mit denen wir experimentieren können, sind aber wohl die großen Schwungräder in Walzwerken und anderen großen Fabriken. Die Zentrifugalkräfte äußern sich bekanntlich in einem von der Rotationsachse wegstrebenden Drucke. Stellen wir also eine Drehwage in nicht zu großer Entfernung von einem großen Schwungrade auf, so daß der Aufhängungspunkt des drehbaren Teils der Drehwage (der Nadel) genau oder annähernd in der Verlängerung der Achse des Schwungrades liegt, so müßte sich die Nadel, wenn sie nicht von vornherein der Ebene des Schwungrades parallel war, sich dieser Lage zu nähern streben und einen entsprechenden Ausschlag geben. Auf jeden, nicht in der Umdrehungsachse liegenden Massenteil wirkt nämlich die Zentrifugalkraft in dem Sinne, daß sie ihn von der Achse zu entfernen strebt. Man sieht sofort, daß eine möglichst weitgehende Entfernung erreicht wird, wenn die Nadel parallel steht."

Der von *B.* und *J. Friedländer* vorgeschlagene Versuch stellt nur eine Variante desjenigen Versuches dar, welcher *Newton* zu seiner Auffassung über den absoluten Charakter der Rotation geführt hat. *Newton* hängte ein zylindrisches mit Wasser gefülltes Gefäß an einem Faden auf, drehte es so lange um die durch den Faden definierte Achse herum, bis der Faden ganz steif wurde. Wenn das Gefäß und Flüssigkeit sich völlig in Ruhe befanden, ließ er den Faden sich wieder ablösen, wobei Gefäß und Flüssigkeit in schnelle Rotation geraten, und beobachtete dabei folgendes: Unmittelbar nach dem Loslassen nahm n u r das Gefäß an der Rotation teil, da die Reibung des Wassers an den Wänden desselben nicht hinreicht, um der Flüssigkeit sofort die Rotation zu übermitteln. Solange das der Fall war, blieb die Oberfläche des Wassers eine horizontale Ebene. Je mehr aber das Wasser von den rotierenden Wänden mitgerissen wurde, um so deutlicher traten die Zentrifugalkräfte in Erscheinung und trieben das Wasser an den Wänden hoch, so daß schließlich seine Oberfläche die Form eines Rotationsparaboloids annahm. Aus dieser Wahrnehmung schloß *Newton*, daß die R e l a t i v r o t a t i o n der Gefäßwände gegen das Wasser in demselben keine Kräfte auslöst. Erst wenn das Wasser selbst an der Rotation teilnimmt, machen sich die Zentrifugalkräfte bemerkbar. Daraus schloß er auf den a b s o l u t e n Charakter der Rotationen.

Dieser Versuch ist in späterer Zeit vielfach diskutiert worden, und schon *E. Mach* hat gegen die Folgerung *Newtons* den Einwand erhoben, daß man nicht ohne weiteres behaupten könne, daß die Relativrotation der Gefäßwände gegen das Wasser überhaupt ohne Einfluß auf dasselbe sei. Es sei sehr gut denkbar, daß, wenn die Masse des Gefäßes groß genug wäre, also z. B. seine Wandstärke viele Kilometer stark, daß dann bei einem rotierenden Gefäß die Oberfläche des ruhenden Wassers nicht eben bliebe. Dieser Einwand steht mit der Auffassung der allgemeinen Relativitätstheorie durchaus im Einklang. Nach dieser können die Zentrifugalkräfte auch als die Gravitationskräfte aufgefaßt werden, die die Gesamtheit der um das Wasser rotierenden Massen auf dasselbe ausüben. Die Gravitationswirkung der Gefäßwände auf die eingeschlossene Flüssigkeit ist natürlich verschwindend gering gegenüber der aller Massen des Weltalls. Erst wenn das Wasser gegenüber diesen sich in Rotation befindet, sind merkliche Zentrifugalkräfte zu erwarten. Der Versuch der Brüder *B.* und *J. Fried-*

länder sollte nun den von *Newton* angestellten Versuch verfeinern, indem an die Stelle des Wassers eine empfindliche Drehwage gesetzt wurde, die schon minimalen Kräften nachgibt, und an die Stelle des Gefäßes die Masse eines gewaltigen Schwungrades trat. Aber auch diese Anordnung kann zu keinem positiven Ergebnis führen, da auch das größtmögliche Schwungrad, das zurzeit Verwendung finden könnte, doch nur eine verschwindend kleine Masse gegenüber den Massen des Weltalls darstellt.

Anmerkung 20 (S. 40). Von Kraftfeldern spricht man dann, wenn die betreffende Kraft von Ort zu Ort stetig veränderlich ist und an jedem Ort durch den Wert einer Funktion des Ortes gegeben wird. Die Zentrifugalkräfte im Innern und an der Oberfläche eines rotierenden Körpers haben eine solche feldmäßige Verteilung über das ganze Volumen des Körpers, und es steht nichts im Wege, dieses Feld auch über die Oberfläche des Körpers hinaus fortgesetzt zu denken, z. B. über die Oberfläche der Erde hinaus in ihre Atmosphäre. Man wird also kurz von dem Zentrifugalfeld der Erde sprechen; und da die Zentrifugalkräfte nach den bisherigen Anschauungen nur durch die Trägheit der Körper bedingt sind und nicht durch ihre Schwere, so ist dieses Feld ein Trägheitsfeld im Gegensatz zum Schwerefeld, unter dessen Einfluß alle Körper, die nicht unterstützt oder aufgehängt sind, auf der Erde fallen.

Auf der Erde überlagern sich demgemäß die Wirkungen mehrerer Kraftfelder: die Wirkung des Schwerefeldes, das von der Gravitation der Massenteilchen der Erde aufeinander herrührt und das zum Erdzentrum hingerichtet ist; die Wirkung des Zentrifugalfeldes, welches nach *Einstein* auch als ein Schwerefeld aufgefaßt werden kann, und dessen Kraftwirkung parallel der Ebene der Breitenkreise nach außen gerichtet ist; schließlich die Wirkung des Schwerefeldes der verschiedenen Himmelskörper, in erster Linie der Sonne und des Mondes.

Anmerkung 21 (S. 40). *Eötvös* hat das Resultat seiner Messungen in den „Mathematischen und Naturwissenschaftlichen Berichten aus Ungarn" Bd. *8*, S. 64, 1891 veröffentlicht.

Eine ausführliche Darstellung gibt D. Pekár: Das Gesetz der Proportionalität von Trägheit und Gravität. (Die Naturwissenschaft, 1919, 7. S. 327.)

Während die früheren Untersuchungen über die Anziehung der Erde auf verschiedene Substanzen von *Newton* und *Bessel* (Astr. Nachr. *10*, S. 97, und Abhandlungen von Bessel Bd. *3*, S. 217) sich auf Pendelbeobachtungen gründen, hat *Eötvös* mit empfindlichen Torsionswagen gearbeitet.

Die Kraft, infolge welcher alle Körper fallen, setzt sich aus zwei Komponenten zusammen: aus der Anziehungskraft der Erde, welche (bis auf Abweichungen, die vorerst vernachlässigt werden können) nach dem Erdmittelpunkt gerichtet ist, und der Zentrifugalkraft, welche parallel den Breitenkreisen nach außen gerichtet ist. Wäre die Anziehungskraft der Erde auf zwei Körper gleicher Masse, aber aus verschiedenem Stoff verschieden, so müßte die Resultante aus Anziehungs- und Zentrifugalkraft für dieselben verschiedene Richtungen haben. *Eötvös* schreibt sodann: „Durch Rechnung finden wir, daß, wenn die Anziehung der Erde auf zwei Körper von gleicher Masse, jedoch von verschiedener Substanz um ein Tausendstel verschieden wäre, die Richtungen der Schwere der beiden Körper miteinander einen Winkel von 0,356 Sek., das ist ungefähr eine Drittelsekunde, bilden würden; und wenn die Differenz in der Anziehungskraft ein Zwanzigmillionstel betrüge, müßte dieser Winkel $^{356}/_{20}$ Mill. Sek. haben, das ist etwas mehr als eine Sechzigtausendstel-Sekunde"; und weiterhin:

„Ich befestigte in meinen Torsionswagen an den Enden eines Wagebalkens von 25—50 cm Länge, welcher an einem dünnen Platindraht hing, einzelne Körper von ungefähr 30 g Gewicht. Nachdem der Balken senkrecht auf den Meridian gestellt wurde, bestimmte ich genau seine Lage mittels eines sich mit ihm bewegenden und eines an dem Kasten des Instrumentes befestigten Spiegels. Dann drehte ich das Instrument samt Kasten um 180°, so zwar, daß der Körper, der sich früher am östlichen Ende des Balkens befand, jetzt an das westliche Ende kam, und nun bestimmte ich von neuem die Lage des Balkens zum Instrument. Wenn die Schweren der an den beiden Seiten angebrachten Körper verschieden gerichtet wären, so müßte eine Torsion des Aufhängedrahtes erfolgen. Das zeigte sich aber nicht, wenn mit der auf der einen Seite konstant angebrachten Messingkugel auf der anderen Seite Glas, Korkholz oder Antimonkristalle befestigt waren; und doch müßte eine Abweichung von $^1/_{60\,000}$ Sekunde in der Richtung der Schwerkraft eine Torsion von einer Minute, welche genau beobachtbar ist, hervorrufen."

Eötvös erreicht also eine Genauigkeit, wie sie ungefähr beim Wägen erreicht wird, und das war sein Ziel, denn die Methode, durch Wägen die Masse der Körper zu bestimmen, beruht ja auf dem Grundsatze, daß die Anziehung der Erde auf verschiedene Körper nur von deren Masse und nicht von ihrer substanziellen Beschaffenheit abhängt. Dieser Grundsatz mußte also mit einem gleichen Grade von Genauigkeit bewiesen sein, wie sie bei Wägungen erreicht wird. Wenn überhaupt ein solcher Unterschied in der Schwere verschiedener Körper gleicher Masse, aber verschiedener Substanz vorhanden sein sollte, so ist derselbe, nach *Eötvös*, für Messing, Glas, Antimonit, Korkholz kleiner als ein Zwanzigmillionstel, für Luft und Messing kleiner als ein Hunderttausendstel.

Anmerkung 22 (S. 42). S. a. *A. Einstein*, Grundlagen der allgemeinen Relativitätstheorie, Ann. d. Phys. 4. Folge, Bd. *49*, S. 769.

Anmerkung 23 (S. 43). Die Gleichung $\delta\left\{\int ds\right\} = 0$ besagt, daß die Variation der Weglänge zwischen zwei genügend nahen Punkten der Bahn für die wirklich eingeschlagene Bahn verschwindet; d. h. unter allen möglichen Bahnen zwischen zwei solchen Punkten wählt die wahre Bewegung die kürzeste aus. Bleibt man vorerst auf dem Boden der alten Mechanik, so wird folgendes Beispiel den Sinn dieses Grundsatzes klarlegen: Bei der Bewegung eines Massenpunktes, der im Raum frei beweglich ist, ist die gerade Linie immer die kürzeste Verbindungslinie zweier Raumpunkte, und der Massenpunkt wird sich auf dieser geraden Linie von dem einen Punkt zu dem anderen hinbewegen, wenn nicht sonstige störende Einflüsse vorliegen (Trägheitsgesetz). Ist der Massenpunkt gezwungen, auf irgendeiner krummen Fläche sich zu bewegen, so wird er längs einer geodätischen Linie dieser Fläche von einem

Punkte zu einem anderen schreiten, da die geodätischen Linien die kürzesten Verbindungslinien der Punkte auf der Fläche darstellen. — In der *Einstein*schen Theorie gilt nun ein ganz entsprechendes, nur viel allgemeineres Prinzip. Unter dem Einfluß von Trägheit und Schwere schreitet jeder Massenpunkt längs den geodätischen Linien der Raum-Zeit-Mannigfaltigkeit hin. Daß diese Linien im allgemeinen keine geraden Linien sind, beruht darauf, daß das Gravitationsfeld den Massenpunkt gewissermaßen einem Zwang unterwirft, so etwa wie die krumme Fläche die Bewegungsfreiheit des Massenpunktes einschränkte. Ein ganz entsprechendes Prinzip hatte schon *Heinrich Hertz* in seiner Mechanik zum Grundprinzip für alle Bewegungen erhoben.

Anmerkung 24 (S. 45). S. *A. Einstein*, Ann. d. Phys. 4. Folge, Bd. *35*, S. 898.

Anmerkung 25 (S. 46). Der Ausdruck „Beschleunigungstransformation" soll besagen, daß die der Betrachtung zugrunde liegende Transformation der Veränderlichen x, y, z, t in ein System von Veränderlichen x_1, x_2, x_3, x_4 als die Beziehung zweier Bezugssysteme aufeinander aufgefaßt werden kann, die sich relativ zueinander in beschleunigter Bewegung befinden. Die Art des Bewegungszustandes zweier Bezugssysteme zueinander findet in der analytischen Gestalt der Transformationsgleichungen ihrer Koordinaten ihren Ausdruck.

Anmerkung 26 (S. 49). Im folgenden sollen 1. die Grundgleichungen der neuen Theorie explicite hingeschrieben und 2. der Übergang zu den *Newton*schen Grundgleichungen der Mechanik vollzogen werden.

Aus der Variationsgleichung $\delta \int ds = 0$, wo $ds^2 = \sum_{1}^{4} g_{\mu\nu}\, dx_\mu\, dx_\nu$

ist, gehen durch Ausführung der Variation die vier totalen Differentialgleichungen hervor:

$$(1) \qquad \frac{d^2 x_\sigma}{ds^2} = \sum_{\mu\nu} \Gamma^\alpha_{\mu\nu} \frac{dx_\mu}{ds} \frac{dx_\nu}{ds} \left(\sigma = 1, 2, 3, 4 \right).$$

Das sind die Bewegungsgleichungen eines materiellen Punktes im Gravitationsfelde der $g_{\mu\nu}$.

Hierin bedeutet das Symbol $\Gamma^\alpha_{\mu\nu}$ den Ausdruck

$$-\frac{1}{2}\sum_\alpha g^{\sigma\alpha}\left(\frac{\delta g_{\mu\alpha}}{\delta x_\nu}+\frac{\delta g_{\nu\alpha}}{\delta x_\mu}-\frac{\delta g_{\mu\nu}}{\delta x_\alpha}\right).$$

Das Symbol $g^{\sigma\alpha}$ bedeutet die Unterdeterminante zu $g_{\sigma\alpha}$ aus der Determinante $\begin{Bmatrix} g_{11}\cdots g_{14} \\ g_{41}\cdots g_{44} \end{Bmatrix}$, dividiert durch diese Determinante.

Die zehn Differentialgleichungen für die „Gravitationspotentiale" $g_{\mu\nu}$ lauten:

$$(2)\qquad \sum_\alpha\frac{\mathrm{d}\,\Gamma^\alpha_{\mu\nu}}{\mathrm{d}x_\alpha}+\sum_{\alpha\beta}\Gamma^\alpha_{\mu\alpha}\,\Gamma^\beta_{\nu\alpha}=\varkappa\left(T_{\mu\nu}-\frac{1}{2}\,g_{\mu\nu}\,T\right).$$

Die Größen $T_{\mu\nu}$ und T sind Ausdrücke, die mit den Komponenten des Spannungs-Energie-Tensors (der in der neuen Theorie an die Stelle der Massendichte als felderregende Größe tritt), in einfacher Beziehung stehen. $\varkappa$ ist im wesentlichen gleich der Gravitationskonstanten der *Newton*schen Theorie.

Die Differentialgleichungen (1) und (2) sind die Grundgleichungen der neuen Theorie. Eine ausführliche Ableitung derselben findet man in der Broschüre von *A. Einstein*, „Die Grundlage der allgemeinen Relativitätstheorie." *J. A. Barth*, Leipzig 1916.

2. Um von diesen Gleichungen aus den Anschluß an die *Newton*sche Theorie zu gewinnen, muß man verschiedene vereinfachende Voraussetzungen machen. Wir wollen erstens voraussetzen, daß die $g_{\mu\nu}$ nur um Größen, die klein gegen 1 sind, von den Werten abweichen, die durch das Schema:

$$\begin{Bmatrix} g_{11}\,g_{12}\,g_{13}\,g_{14} \\ g_{21}\,g_{22}\,g_{23}\,g_{24} \\ g_{31}\,g_{32}\,g_{33}\,g_{34} \\ g_{41}\,g_{42}\,g_{43}\,g_{44} \end{Bmatrix}=\begin{Bmatrix} -1 & 0 & 0 & 0 \\ 0 & -1 & 0 & 0 \\ 0 & 0 & -1 & 0 \\ 0 & 0 & 0 & +1 \end{Bmatrix}$$

gegeben sind. Diese Werte für die $g_{\mu\nu}$ charakterisieren den Fall der speziellen Relativitätstheorie, also den Fall des gravitationsfreien Zustandes. Auch wollen wir annehmen, daß im Unendlichfernen die $g_{\mu\nu}$ in die obigen Werte übergehen, d. h. daß die Materie sich nicht bis ins Unendliche ausdehnt.

Zweitens wollen wir annehmen, daß die Geschwindigkeiten der Materie klein gegen die Lichtgeschwindigkeit seien und als unendlich kleine Größen erster Ordnung aufgefaßt werden können. Dann sind die Größen

$$\frac{\mathrm{d}x_1}{\mathrm{d}s}, \quad \frac{\mathrm{d}x_2}{\mathrm{d}s}, \quad \frac{\mathrm{d}x_3}{\mathrm{d}s}$$

unendlich klein erster Ordnung und $\frac{\mathrm{d}x_4}{\mathrm{d}s}$ bis auf Größen zweiter Ordnung gleich 1. Aus der Definitionsgleichung des $\Gamma^{\sigma}_{\mu\nu}$ erkennt man dann, daß diese Größen unendlich klein erster Ordnung sind. Wenn man Größen zweiter Ordnung vernachlässigt und schließlich annimmt, daß bei den kleinen Geschwindigkeiten der Materie die Änderungen des Gravitationsfeldes nach der Zeit klein sind, d. h. daß die Ableitungen der $g_{\mu\nu}$ nach der Zeit neben denjenigen nach den räumlichen Koordinaten vernachlässigt werden können, so nimmt das Gleichungssystem (1) die Gestalt an:

$$(1\,\mathrm{a}) \qquad \frac{\mathrm{d}^2 x_\tau}{\mathrm{d}\,t^2} = - \frac{1}{2} \frac{\delta\,g_{44}}{\delta\,x_\tau} \quad (\tau = 1,\, 2.\, 3)\,.$$

Dies wäre schon die Bewegungsgleichung eines Massenpunktes nach der *Newton*schen Mechanik, wenn $-\frac{1}{2}\,g_{44}$ das gewöhnliche Gravitationspotential darstellte. Wir müssen also noch sehen, was unter den hier gewählten vereinfachenden Voraussetzungen aus der Differentialgleichung für g_{44} in der neuen Theorie wird.

Der felderregende Spannungs-Energie-Tensor schrumpft bei unseren ganz speziellen Annahmen auf die Massendichte ϱ zusammen:

$$T = T_{44} = \varrho.$$

In den Differentialgleichungen (2) ist das zweite Glied auf der linken Seite das Produkt zweier Größen, die nach den obigen Überlegungen als unendlich klein erster Ordnung zu betrachten sind. Das zweite Glied können wir also, als unendlich klein zweiter Ordnung, außer acht lassen. Das erste Glied dagegen liefert, wenn man, wie oben, die nach der Zeit differenzierten Glieder wegläßt, also das Gravitationsfeld als „stationär" auffaßt, für $\mu = \nu = 4$

$$- \frac{1}{2} \left(\frac{\delta^2 g_{44}}{\delta x_1{}^2} + \frac{\delta^2 g_{44}}{\delta x_2{}^2} + \frac{\delta^2 g_{44}}{\delta x_3{}^2} \right) = - \frac{1}{2} \varDelta g_{44} \,.$$

Also degeneriert die Differentialgleichung für g_{44} in die *Poisson*sche Gleichung:

$$(2\,\text{a}) \qquad\qquad \varDelta g_{44} = \varkappa \cdot \varrho \,.$$

In erster Näherung, d. h. also wenn man die Lichtgeschwindigkeit als die unendlich große Geschwindigkeit auffaßt, was ja, wie im Abschnitt 3 b ausführlich erläutert wurde, ein charakteristisches Merkmal der klassischen Theorie ist, und wenn man gewisse einfache Annahmen über das Verhalten der $g_{\mu\nu}$ im Unendlichfernen macht und die zeitlichen Änderungen des Gravitationsfeldes vernachlässigt, werden aus den auf Grund ganz allgemeiner Ansätze gewonnenen Differentialgleichungen der *Einstein*schen Theorie die bekannten Gleichungen der *Newton*schen Mechanik.

Anmerkung 27 (S. 51). Die Flächentheorie, d. h. das Studium der Geometrie auf einer Fläche, führt unmittelbar zu der Erkenntnis, daß die für irgendeine Fläche gewonnenen Sätze auch für jede andere Fläche gelten, die man aus der ersten durch Verbiegung ohne Zerrung erzeugen kann. Kann man nämlich zwei Flächen Punkt für Punkt so aufeinander beziehen, daß in entsprechenden Punkten die Linienelemente gleich sind, so sind auch entsprechende endliche Bögen, Winkel, Figureninhalte usw. gleich. Man gelangt also auf beiden Flächen zu den nämlichen planimetrischen Sätzen. Man nennt solche Flächen aufeinander abwickelbar. Die notwendige und hinreichende Bedingung für die Abwickelbarkeit ist, daß der Ausdruck für das Linienelement der einen Fläche

$$ds^2 = g_{11}\, dx_1{}^2 + g_{12}\, dx_1\, dx_2 + g_{22}\, dx_2{}^2$$

in denjenigen der anderen

$$ds'^2 = g'_{11}\, dx'_1{}^2 + g'_{12}\, dx_1{}'\, dx_2{}' + g'_{22}\, dx'_2{}^2$$

transformiert werden kann. Nach einem Satze von *Gauß* ist dazu notwendig, daß beide Flächen gleiches Krümmungsmaß haben. Ist es zugleich längs der ganzen Fläche konstant, wie z. B. auf einem Zylindermantel oder auf einer Ebene, so ıst allen Anforderungen für die Abwickelbarkeit der Flächen genügt. Andernfalls liefern besondere Gleichungen darüber Aufschluß, ob die Flächen oder Stücke derselben aufeinander abgewickelt werden können. Die zahlreichen Teilaufgaben, die sich bei diesen Fragen ergeben, sind in jedem Buche über Differentialgeometrie (Bianchi - Lukat) eingehend besprochen. Diese Disziplin, die bisher nur mathematisches Interesse beanspruchte, gewinnt nun auch weitgehende Bedeutung für die Naturwissenschaften.

Anmerkung 28 (S. 59). Man darf sich auch nicht der Täuschung hingeben, das *Newton*sche Grundgesetz der Gravitation irgendwie als eine Erklärung der Gravitation aufzufassen. Der Begriff der Anziehungskraft ist unserem Muskelgefühl entlehnt und hat darum, auf leblose Materie übertragen, keinen Sinn. *C. Neumann*, der viel Mühe darauf verwandt hat, die *Newton*sche Mechanik auf eine solide Basis zu stellen, hat selbst diesen Punkt in drastischer Weise zu Beginn seiner früher oft angeführten Schrift durch eine Erzählung glossiert, die die Schwächen der bisherigen Auffassung kraß beleuchtet.

„Nehmen wir an, ein Nordpolfahrer erzählte uns von jenem rätselhaften Meer. Es wäre ihm geglückt, in dasselbe einzudringen und es habe sich ihm dort ein merkwürdiges Schauspiel dargeboten. Mitten im Meere habe er zwei schwimmende Eisberge erblickt, ziemlich weit voneinander entfernt, einen größeren und einen kleineren. Aus dem Inneren des großen Berges sei eine Stimme ertönt, welche in befehlendem Tone gerufen habe: „Zehn Fuß näher!" und sofort habe der kleine Eisberg dem Befehle Folge geleistet und sei zehn Fuß näher an den großen herangerückt. Und wiederum habe der größere kommandiert: „Sechs Fuß näher!" Sofort habe der andere den Befehl wieder ausgeführt. Und so wäre Befehl auf Befehl erschallt und der kleine Eisberg in fortwährender Bewegung gewesen, eifrig bemüht, jeden Befehl augenblicklich auf das genaueste auszuführen.

Sicherlich würden wir einen solchen Bericht in das Reich der Fabel verweisen. Doch spotten wir nicht zu früh! Die Vorstellungen, die uns hier sonderbar erscheinen, es sind dieselben, welche dem vollendetsten Teil der Naturwissenschaften zugrunde liegen, es sind dieselben, denen der berühmteste unter den Naturforschern den Ruhm seines Namens verdankt.

Denn im Weltraum erschallen fortwährend solche Befehle, ausgehend von den einzelnen Himmelskörpern, von Sonne, Planeten, Monden und Kometen. Jeder einzelne Weltkörper lauscht auf die Befehle, welche die übrigen Körper ihm zurufen, fortwährend bemüht, diese Befehle aufs pünktlichste auszuführen. In geradliniger Bahn würde unsere Erde durch den Weltraum dahinstürzen, wenn sie nicht gelenkt und geleitet würde durch den von Augenblick zu Augenblick von der Sonne her ertönenden Kommandoruf, dem die Befehle der übrigen Weltkörper weniger vernehmlich sich beimischen.

Allerdings werden diese Befehle ebenso schweigend gegeben, wie sie schweigend vollzogen werden. Auch hat *Newton* dieses wechselseitige Spiel von Befehl und Folgeleistung mit einem anderen Namen bezeichnet. Er spricht kurzweg von der gegenseitigen Anziehungskraft, welche zwischen den Weltkörpern stattfindet. Die Sache aber ist dieselbe. Denn diese gegenseitige Einwirkung besteht darin, daß der eine Körper Befehle erteilt und der andere dieselben befolgt."